1

AI

丛书主编：俞 勇

从人脑到人工智能

带你探索 AI 的过去和未来

编著：龙 婷 张伟楠

上海科技教育出版社

图书在版编目（CIP）数据

从人脑到人工智能：带你探索 AI 的过去和未来 / 俞勇主编 . —上海：上海科技教育出版社，2019.9
（青少年 AI 学习之路 . 从思维到创造）
ISBN 978-7-5428-7091-9

Ⅰ . ①从… Ⅱ . ①俞… Ⅲ . ①人工智能–青少年读物
Ⅳ . ①TP18-49

中国版本图书馆 CIP 数据核字（2019）第 170151 号

责任编辑　范本恺
装帧设计　杨　静

青少年 AI 学习之路：从思维到创造

从人脑到人工智能——带你探索 AI 的过去和未来
丛书主编　俞　勇

出版发行　上海科技教育出版社有限公司
　　　　　　（上海市柳州路 218 号　邮政编码 200235）
网　　址　www.sste.com　www.ewen.co
经　　销　各地新华书店
印　　刷　上海昌鑫龙印务有限公司
开　　本　889×1194　1/16
印　　张　10.75
版　　次　2019 年 9 月第 1 版
印　　次　2019 年 9 月第 1 次印刷
书　　号　ISBN 978-7-5428-7091-9/G·4133
定　　价　88.00 元

总序

清晰记得，2018年1月21日上午，我突然看到手机里有这样一则消息"【教育部出大招】人工智能进入全国高中新课标"，我预感到我可以为此做点事情。这种预感很强烈，它也许是我这辈子最后想做、也是可以做的一件事，我不想错过。

从我1986年华东师范大学计算机科学系硕士毕业来到上海交通大学从教，至今已有33年。其间做了三件引以自豪的事，一是率领上海交通大学ACM队参加ACM国际大学生程序设计竞赛，分别于2002年、2005年及2010年三次获得世界冠军，创造并保持了亚洲纪录；二是2002年创办了旨在培养计算机科学家及行业领袖的上海交通大学ACM班，成为中国首个计算机特班，从此揭开了中国高校计算机拔尖人才培养的序幕；三是1996年创建了上海交通大学APEX数据与知识管理实验室（简称APEX实验室），该实验室2018年度有幸跻身全球人工智能"在4个领域出现的高引学者"世界5强（AMiner每两年评选一次全球人工智能"最有影响力的学者奖"）。出自上海交通大学的ACM队、ACM班和APEX实验室的杰出校友有：依图科技联合创始人林晨曦、第四范式创始人戴文渊、流利说联合创始人胡哲人、字节跳动AI实验室总监李磊、触宝科技联合创始人任腾、饿了么执行董事罗宇龙、森亿智能创始人张少典、亚马逊首席科学家李沐、天壤科技创始人薛贵荣、宾州州立大学终身教授黎珍辉、加州大学尔湾分校助理教授赵爽、明尼苏达大学双子城分校助理教授钱风、哈佛大学医学院助理教授李博、新加坡南洋理工大学助理教授李翼、伊利诺伊大学芝加哥分校助理教授孙晓锐和程宇、卡耐基梅隆大学助理教授陈天奇、乔治亚理工学院助理教授杨笛一、加州大学圣地亚哥分校助理教授商静波等。

我想做的第四件事是创办一所民办学校，这是我的终极梦想。几十年的从教经历，使得从教对我来说已不只是一份职业，而是一种习惯，一种生活方式。当前，人工智能再度兴起，国务院也发布了《新一代人工智能发展规划》，且中国已将人工智能上升为国家战略。于是，我创建了伯禹教育，专注人工智能教育，希望把我多年所积累的教育教学资源分享给社会，惠及更多需要的人群。正如上海交通大学党委书记姜斯宪教授所说，"你的工作将对社会产生积极的影响，同时也是为上海交通大学承担一份社会责任"。也如上海交通大学校长林忠钦院士所说，"你要做的工作是学校工作的延伸"。我属于上海交通大学，我也属于社会。

2018年暑假，我们制订了"青少年AI实践项目"的实施计划。在设计实践项目过程中，我们遵循青少年"在玩中学习，在玩中成长"的理念，让青少年从体验中感受学习的快乐，激发其学习热情。经过近半年的开发与完善，我们完成了数字识别、图像风格迁移、文本生成、角斗士桌游及智能交通灯等实践项目的设计，取得了非常不错的效果，并编写了项目所涉及的原理、步骤及说明，准备将其编成一本实践手册给青少年使用。但是，作为人工智能的入门读物，光是一本实践手册远远满足不了读者的需要，于是本套丛书便应运而生。

本套丛书起名"青少年AI学习之路：从思维到创造"，共有四个分册。

第一册《从人脑到人工智能：带你探索AI的过去和未来》，从人脑讲起，利用大量生动活泼的案例介绍了AI的基本思维方式和基础技术，讲解了AI的起源、发展历史及对未来世界的影响。

第二册《人工智能应用：炫酷的AI让你脑洞大开》，从人们的衣食住行出发，借助生活中的各种AI应用场景讲解了数十个AI落地应用实例。

第三册《人工智能技术入门：让你也看懂的AI"内幕"》，从搜索、推理、学习等AI基础概念出发解析AI技术，帮助读者从模型和算法层面理解AI原理。

第四册《人工智能实践：动手做你自己的AI》，从玩AI出发，引导读者从零开始动手搭建自己的AI项目，通过实践深入理解AI算法，体验解剖、改造和创造AI的乐趣。

本套丛书的特点：

■ 根据青少年的认知能力及认知发展规律，以趣味性的语言、互动性的体验、形象化的解释、故事化的表述，深入浅出地介绍了人工智能的历史发展、基础概念和基本算法，使青少年读者易学易用。

■ 通过问题来驱动思维训练，引导青少年读者学会主动思考，培养其创新意识。因为就青少年读者来说，学到AI的思维方式比获得AI的知识更重要。

■ 用科幻小说或电影作背景，并引用生活中的人工智能应用场景来诠释技术，让青少年读者不再感到AI技术神秘难懂。

■ 以丛书方式呈现人工智能的由来、应用、技术及实践，方便学校根据不同的需要组合课程，如科普性的通识课程、科技性的创新课程、实践性的体验课程等。

2019年1月15日，我们召集成立了丛书编写组；1月24日，讨论了丛书目录、人员分工和时间安排，开始分头收集相关资料；3月6日，完成了丛书1/3的文字编写工作；4月10日，完成了丛书2/3的文字编写工作；5月29日，完成了丛书的全部文字编写工作；6月1日—7月5日，进行3—4轮次交叉审阅及修改；7月6日，向出版社提交了丛书的终稿。在不到6个月的时间里，我们完成了整套丛书共4个分册的编写工作，合计100万字。

在此，特别感谢张伟楠博士，他在本套丛书编写过程中给予了很多专业指导，做出了重要的贡献。

感谢我的博士生龙婷、任侃、沈键和张惠楚，他们分别负责了4个分册的组织与编写工作。

感谢我的学生吴昕、戴心仪、周铭、粟锐、杨正宇、刘云飞、卢冠松、宋宇轩、茹栋宇、吴宪泽、钱利华、周思锦、秦佳锐、洪伟峻、陈铭城、朱耀明、杨阳、陈力恒、秋闻达、苏起冬、徐逸凡、侯博涵、蔡亚星、赵寒烨、任云玮、钱苏澄及潘哲逸等，他们参与了编写工作，并在如此短的时间内，利用业余时间进行编写，表现了高度的专业素质及责任感。

感谢王思捷、冯思远全力以赴地开发了实验平台。

感谢陈子薇为本套丛书绘制卡通插图。

感谢所有支持编写的APEX实验室成员及给予帮助的所有人。

感谢所引用图书、论文的编者及作者。

同时，还要感谢上海科技教育出版社对本丛书给予的高度认可与重视，并为使丛书能够尽早与读者见面所给予的鼎力支持与帮助。

本套丛书的编写，由于时间仓促，其中难免出现一些小"bug"（错误），如有不当之处，恳请读者批评指正，以便再版时修改完善。

过去未去，未来已来。在互联网时代尚未结束，人工智能时代已悄然走进我们生活的当前，应该如何学习、如何应对、如何创造，是摆在青少年面前需要不断思考与探索的问题。希望本套丛书不仅能让青少年读者学到AI的知识，更能让青少年读者学到AI的思维。

愿我的梦想点燃更多人的梦想！

俞　勇

2019年8月8日于上海

目录

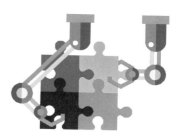

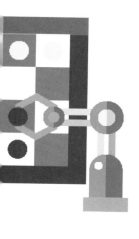

前言

　　人类智能改变生活的过程经历了一个漫长的时期：约20万年前，智人出现在地球上；约7万年前，人类学会用语言来表达自己的想法；约1万年前，人类通过农耕畜牧开始在地球上的某个地方定居；约250年前，人类才进入机械化时代。

　　而另一方面机器被加入了人工智能的这个核心之后，却不断地刷新着人类对于机器的认识：1997年IBM"深蓝"战胜了国际象棋冠军卡斯帕罗夫；2012年深度学习算法准确识别出猫科动物的照片；2016年AlphaGo战胜世界围棋冠军李世石；2019年AlphaStar在《星际争霸2》中击败了两位人类职业玩家。

　　相比于人类改变世界的速度，人工智能改变机器的智能进度确实异常惊人。但若追本溯源，现在的机器智能说到底还只是人类的智能，因为没有人类为机器"量身打造"的核心——人工智能的话，机器也不可能在这两年引起如此之大的关注度。

　　尽管计算机科学界做了许许多多关于人工智能的研究来让人们的生活更方便，但这些研究大多数都在让机器去模仿人类的一种技能，比如说对话，比如说识别看到的小动物。我们知道模仿人类的机器的每一个机制背后的原理，我们也知道这些技术是怎么一步一步从无到有，从简单到复杂的。但大多数人不会去问，我们让机器去模仿的智能的载体——大脑的神经细胞是怎么来的，尽管在计算机领域深度学习的灵感就来源于人脑中的神经连接。所以，在本书中我们想从大脑神经细胞开始讲述人工智能。

　　但是因为我们都没有神经学、生物学的背景，加上神经学中有很多未解之谜还有待科学的不断研究，所以从人脑的起源开始讲人工智能这一思路遇到了不小的挑战。另一方面，人工智能的技术依赖于一些青少年接触较少的知识，比如说高等数学、算法等。如何把人工智能技术通俗易懂地讲给青少年听，也是我们在编写本书时遇到的一大难题。但这些难题经过我们的不断查阅资料，不断讨论，最终都设法解决了。

在定稿之前，我们原本还为读者准备了非常丰富的内容，包括很多有趣的故事、案例，但因为篇幅有限，我们只能忍痛割爱地对一些内容进行删减。不过请放心，我们在精简的过程中为读者保留了原始稿件中最有意思的部分。

从本书中可以读到

在这本书中你将读到以下内容：人类智能是从何而来？人类用人工智能技术创建的机器智能到底是对人类智能从内到外的复制，还是人类巧夺天工另辟蹊径的成果？人类又是如何发明机器智能的核心——人工智能的？人工智能凭借什么样的原理能够给机器带来如此重大的进步？比我们平时接触较多的人工智能更厉害的通用人工智能是什么模样？人工智能助力下的未来可能是什么样子？

我们分五个部分对上面的问题进行详细阐述。

第一部分我们将尝试解读人类智能的核心——人脑，从前人的设想和理论中去寻找"人脑的神经细胞是怎么从无到有，从简单到复杂"的答案。接着我们将一起来看看人脑与人工智能驱动下的机器"脑"的联系和差异，人脑和机器又是怎么在双方的"脑"的基础上产生智能的。

人工智能的关键就是机器"脑"执行了人工智能技术的相关指令。人工智能技术又是如何而来的呢？在第二部分中我们将介绍人工智能从无到有，几经寒冬几经繁荣的曲折发展历程。

本书的第三部分介绍的是专用人工智能。专用人工智能只能完成一个特定的工作，比如说AlphaGo只会下棋，手机上的购物APP只会给你推荐商品。为了让机器能完成某个方面的工作目标，人们曾提出过很多种解决方案，我们将对每种方案做详细的介绍。

第四部分介绍的是人工智能技术未来的发展方向——通用人工智能。通用人工智能期望机器在完成任务的时候，至少具有和人类一样强的能力，比如说人们希望同一个机器不但棋要比人类下得好，还能帮你分类并倒垃圾。通用人工智能有哪些不同的形态呢？人类在探索通用人工智能的路上都做了哪些尝试呢？通用人工智能的未来在哪儿呢？第四部分将为你一一揭晓。

人工智能正在不断地渗透到人类生活的各个方面。那么未来，在人工智能的影响下，我们的生活、我们所生活的世界和我们所处的宇宙可能是什么形态呢？本书第五部分基于前人的理论基础，对未来做了一些大胆的推测。读完这个部分希望能够让你对未来世界有所畅想。

如何使用这本书

这本书作为青少年读者的人工智能读物，不要求读者有任何计算机专业知识，因为我们希望这本书能够帮助青少年更好地了解影响世界的人工智能技术，以及人工智能技术对未来的影响。在阅读这本书的过程中，读者可以试着思考一下"思考与实践"栏目中的题目，这样可以锻炼你的思辨能力和想象力。同时，我们希望读者在了解人工智能技术的过程中树立良好的世界观和社会责任感。

致谢

本书的主要编写人员有7位，俞勇教授策划并确定本书架构、内容组织及审核，张伟楠博士对全书内容进行专业指导及审核，龙婷撰写了第一部分，第五部分的第二十三、二十四章，吴昕撰写了第二部分和第五部分的第二十二、二十五章，戴心仪和周铭分别完成了第三部分和第四部分的内容。书中的卡通插画的设计与绘制由陈子薇完成，感谢沈键在我们完成书稿的过程中给我们提出建议。

第 1 部分
人类智能与机器智能

2015 年上映的动画电影《Big Hero 6》（中文译名：超能陆战队），讲述了一个精通机器人技术的天才少年小宏（英文名：Hiro）和小伙伴一起击败邪恶，拯救世界的故事。电影里的充气机器人大白，因为其呆萌的形象一时间圈粉无数：卡在窗户上的时候它会想办法放气，充气膜破损的时候它会用胶布粘贴，最有意思的是它看到主角情绪不佳时会想办法安慰主人。它的语气、行为无不展现出它具备与人类相类似的智能。

我们已知的智能可以分成两大类：一类是人类（即碳基生命）所

展现的智能，比如你能讲话，会思考，可以学习一些之前从来不会的技能；另一类是机器展现的智能，比如你问智能手机明天天气怎么样，它会告诉你明天是晴天还是雨天、温度有多高等。

如果追根溯源，不难发现，尽管机器的智能化程度在不断提升，但是其智能的根本来源还是人类的智能。如果没有人类的智慧，机器可能连基本结构都不存在，更谈不上智能了。人类智能的决定因素是人脑，人脑又是如何进化而来的呢？如果人类智能是机器智能的决定因素，那么机器智能是否是人类智能从基础机构到产生过程的复制品？在本书后面的内容里，我们将和你一起来探讨。

《超能陆战队》剧照

第一章　人脑的起源

> 山重水复疑无路，柳暗花明又一村。
>
> ——陆游

几乎世界上的每种文化都有一套关于人类起源的说辞，例如，中国古代就有女娲抟土造人的传说。在这个故事背景下，人类的智慧和人脑一样都是出自女娲之手的杰作。然而传说总归只是传说，因为人类是由其他物种进化而来的这一事实，已经是众所周知的常识。那么，作为人类智能基础的人脑，又是怎么进化而来的呢？

一、原始细胞的形成

细胞是生命活动的基本单位。构成物种生命活动基础的细胞的出现时间大约是38亿年[1]前，那个时候距离地球诞生已经过了750万年。

在原始细胞诞生之前，地球的景象如同小说的开场白——"天地初开，一切皆为混沌"，地球上不仅有对于生命体极具挑战性的酸碱物质，还有来自太空强烈的宇宙射线，频繁发生的火山、地震等。从宏观角度看，那时的地球一片荒芜；然而从微观的角度看，地球存在着一些诸如氮气、一氧化碳、氢气、硫化氢、水之类的小分子。这些非常不起眼的小分子正是原始生命得以诞生的基础。至今我们依然很难想象，这些小分子可以经过几十亿年后演变成有生命的东西。在强烈宇宙射线、灼热高温等条件的催化作用下，各种小分子可以发生聚合反应形成化学大分子，其中一类大分子就是我们今天所熟知的核酸。

核酸是所有生命体的遗传物质。为什么核酸可以作为生命的火种遗传给下一代呢？我们可以通过核酸的结构来看它的神奇之处。下页上图中（a）是一个双链的核酸，其中核酸上的每种碱基只能与特定的碱基进行配对。比如，图中的碱基A只会与碱基U配对，碱基C只会与碱基G配对。

当图中的核酸需要产生新的遗传物质的时候，需要先把双链解开变成单链，如下页上图中（b）。这个时候单链的核酸就会吸引游离的碱基来与之进行配对，如下页上图中（c）。配对好之后会产生两个与原来一模一样的遗传物质，如下页上图中（d）。

根据谢伯让[2]在《大脑简史》一书中的描述，我们可以把在这样一种情况下诞生的生命体叫作复制子。复制子经过配对，复制，再配对，再复制，一个复制子变成两个复制子，两个复制子变成四个复制子。如果没有意外，复制子的数目将以非常惊人的速度增长。所以可以

1　关于生命诞生的时间，也有说是35亿年前。
2　谢伯让：达特茅斯学院认知神经科学博士。

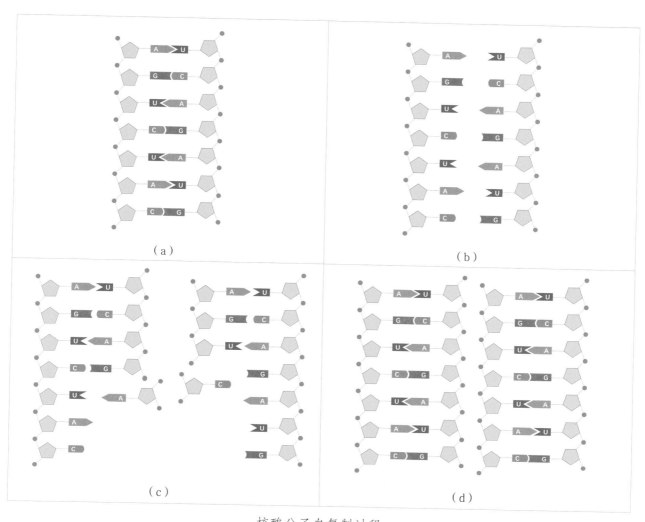

核酸分子自复制过程

想象，没过多久，地球就遍布复制子的踪影。

然而，现实情况并不是我们想象的那个样子。很多复制子受到极端环境的影响，都很容易在诞生不久后"死亡"。

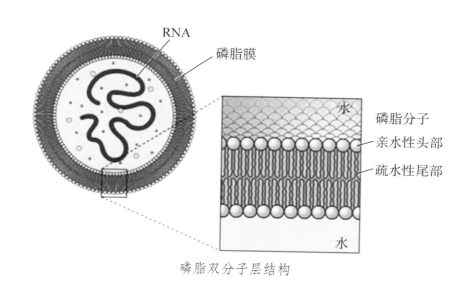

磷脂双分子层结构

就在复制子任由极端环境肆虐蹂躏的时候，复制子的"救星"——磷脂双分子出现了。

磷脂双分子（如上页下图）由两层磷脂分子构成，由于磷脂分子是由亲水性磷脂质的头部和疏水性碳氢化合物组成的尾部形成的，所以两层的磷脂分子在水环境中时，疏水性的一端自然而然地靠在了一起。

磷脂双分子的特性是它自身具备极高的稳定性和可流动性。它包裹在复制子外层，即便受到外界张力被迫改变外形也不会轻易地破裂。这就有效地保护复制子不用直接暴露在强烈的宇宙射线下，减缓了高温、高酸碱值等不利因素的伤害。

旧的问题解决了，新的问题又产生了。磷脂双分子虽然为复制子提供了保护的"壁垒"，但是由于这个"壁垒"对于复制子来说过于坚实，就像把复制子放进了一个没有门窗、四面隔绝的房间里。复制子虽然能够在其中保全自身，但如果没有外界的物质进来，要实现繁衍生存还是很难的。

正如我们前面提到的，因为磷脂双分子具有流动性，一些具有通透性的蛋白质分子很容易被镶嵌在磷脂双分子上，这样复制子能通过这类特殊的蛋白质与外界进行有效的物质交换。

当然，这种蛋白质分子对于复制子来说，并不是简单地在磷脂双分子层构成的"壁垒"上"凿"了个洞。相反，这种蛋白质分子的作用像给复制子的房间安装了一扇门。当外界的营养物质需要进入的时候，门会打开，复制子能自由地获取它需要的物质。当有害物质要进入"房间"的时候，房门会紧闭，将之阻挡在外。

有磷脂双分子和可通透的蛋白质膜做屏障，复制子的生存概率得到提高。这种由复制子、磷脂分子和蛋白质组成的物质被叫作原始细胞。

二、 神经细胞的形成

在进化起源的早期，大多数生命体都以单细胞形式存在于地球的"原始汤锅"里，它们以扩散进细胞内部的营养物质为生。

生命体要在自然环境中生存下来，被动获取营养物质的方式显然随时都有面临"饥饿"的风险。具备自由移动能力的原始生命体，比那些无法动弹的生命体活得更轻松自在。首先当发现某个方向有大量养料时，它们会主动移动到养料充足的地方，可以让更多的养料扩散进入细胞内部，满足生命活动所需，免受"饥肠辘辘"之苦。其次原始生命体的生存环境十分恶劣，稍有不慎就会丧命，能感知周围环境中的威胁并快速逃跑将增大生存的概率。因此，毫无疑问，自然环境必然会把生存的机会留给会移动的生命体。

原始生命体移动需要借助一种叫作鞭毛的蛋白质附属丝状物。有了鞭毛，原始生命体可以在"原始汤锅"中自由自在地生活，不会再过食不果腹的日子。

如果只有鞭毛，就算生命体"知道"某个地方有美食，不惜耗尽精力"赶往现场"的时候，可能已经被"其他人"吃完了。出现这种情况的原因在于原始生命体对于细胞外环境的感知只能依靠分子的扩散来完成，但是分子扩散的速度非常缓慢，低浓度氧气分子在25摄氏度的水中往前扩散10厘米需要27天。这就意味着一个生活在原始地球环境中大小为10微米的原始单细胞生物，从身体某一处感知到"食物"的存在到它发动全身鞭毛准备朝着"食物"移动需要花费4分钟左右的时间，对于稍微大一点的生物，比如身长240微米的生物来说，发动全身鞭毛的整个过程需要花费1.5个小时左右的时间！想象一下如果你在回家的路上发现下雨了，但是花了1.5个小时才把伞撑起来会是什么情况。

从一定程度来说，如果没有有效的感知能力，原始生命体鞭毛的作用顶多就是能够让自己可以移动而已，低端感知能力极大地限制了鞭毛的优势。要在恶劣的环境中生存下来，超强的感知能力必不可少，所以那批在进化过程中率先采用电信号而非依赖分子扩散传送信息的生物胜出了。

这种依赖电信号传输信息的单细胞生物利用细胞膜上的离子通道和离子泵，使得细胞内的电荷为负，细胞外的电荷为正，这样细胞膜内外自然地形成电荷差。当感受到周围环境的刺激时（如有"食物"或是有"威胁"），细胞膜上的离子通道会打开。细胞膜外带正电的离子会往细胞内移动，这种细胞内外的电荷分布随着带正电离子的流动而发生的变化，很容易在一瞬间被细胞体的每一个部分感知到，从而引起全身鞭毛对外界刺激做出相应的反应：感到威胁时立马逃跑，感到有"美食"时立刻去获取。

依靠电位变化传播信息的方式大大提升了信息的传播速度，这种速度可达每秒5米，相当于让之前的氧气分子移动10厘米只需要0.02秒，是扩散方法速度的1亿倍。拥有较强感知能力的原始生命体，能够通过对外界敏锐的觉察力进行有效的趋利避害，得以在这个星球上生存。

但这种在当时的自然界里算是最高配置的生命体并非完美无瑕。

快速的信息传递如果仅限于在身体内部发生，那么原始生命体所感知到的信息只能为自己所用，再根据刺激做出相应的行为：逃跑或靠近，但不能和其他生命体共享。

能"表达自己的想法"虽然不会决定个体的生存与否，但是对于群体来说却是至关重要的，特别是在某些群聚生存的种群中。当其中一个生命体发现潜在威胁时，可以发出警报信号，提醒种群尽快逃散。

那么，原始生命体怎么向其他生命体发出信息呢？

一般来说信息的传输需要一定的媒介，就像声音需要借助空气进行传播一样。原始生命体之间的信息传播媒介就是原始生命体生存的水环境。

原始生命体居住在原始地球的水环境中。当一个生命体侦测到周围环境中的威胁时，会向外发出信号，信号透过细胞膜扩散在周围的水环境中，接收信号的生命体只要距离发送方不是很远，总有一些信号分子以扩散的形式进入接收方细胞内。然后以改变细胞内外电位差的方式把这条信号在细胞内"广播"，于是就有了一次"逃跑"的行动。

这种原始生命体最早的交互方式可以说是神经细胞传递信息的原始方式，而细胞间传递信息的区域，就是现代突触的雏形。突触虽然属于神经细胞的结构，但实际上所指的范围是两个神经细胞的间隙连接处。信息在神经细胞内依赖电信号传递，而在突触（即两个神经细胞的间隙）中依赖的是递质分子在神经细胞的水环境中进行扩散。

神经递质的发现

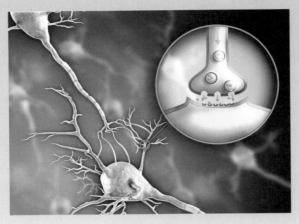

神经突触

在19世纪，很大一部分人都认为，神经细胞之间的信息传递方式和神经细胞内部一样是依靠电信号。在这期间有个叫雷蒙德[1]的生理学家提出神经细胞之间存在着间隙，信息很有可能是通过化学物质（比如化学分子）越过两个神经细胞之间的间隙而被另外一个神经细胞感知到的。让人惋惜的是，他当时并没有提供任何证明猜想的依据，所以该主张很快就被遗忘了。

但有几个问题一直困扰着大家。一个是信号在神经细胞上传递的方向性问题。所有的信号只会朝着一个方向传播，如果是以电信号方式传播的话，信号势必会沿着两个方向传播。其次当时已知有"兴奋型"和"抑制型"神经细胞的作用，如果神经细胞只有电信号传递的话，只会导致一种神经兴奋。而且神经细胞的信号传递存在着明显的延迟现象，如果只是以电信号传递的话，不应该出现明显的延迟。所以神经细胞的信号传递方式并不只有一种。

雷蒙德的猜想在1921年终于被勒维[2]证实。勒维证明神经细胞间存在间隙，在间隙上采用了不同的信号传递方式。据说勒维在睡觉时梦见一个可以证明猜想的实验方法，半梦半醒之间他迷迷糊糊地把想法记录在笔记本上，但是第二天却怎么也看不懂自己胡乱记下的内容了，为此懊恼不已。没想到第二天晚上他又做了同样的梦，这一次他直接冲到实验室开始做实验。他取出两颗青蛙的心脏活体，一颗带有迷走神经，另一颗没有，将它们分别放到生理盐水中。他使用电流刺激带有迷走神经的心脏，使心跳变慢，然后取出周围液体施加到另一颗心脏上，结果不带迷走神经的心脏跳动也变慢了。这说明第一颗心脏受到刺激后产生了某种化学物质并释放到其周围的液体中，当这种化学物质刺激第二颗心脏时，第二颗心脏的跳动也变慢了，由此证实神经细胞间有间隙，即突出的存在，同时说明细胞间的信息交流依靠的是化学信号而非电信号。

1　杜布瓦·雷蒙德，Emil du Bois-Reymond，德国心理学家。
2　奥托·勒维，Otto Loewi，1936 年获诺贝尔生理学或医学奖。

三、 神经系统及脑的形成

在原始自然条件下，体型庞大的生物体倾向于捕食体型小的生物体。越庞大的体型遇到能吞食自己的生物体越少，存活概率越高。体型的悬殊直接导致生存概率的差别，较大体型对于原始生命体来说比较具有优势。

但是对于以单细胞为生命载体的早期生物来说，体型的扩大很难，因为这种扩大毕竟是有限度的。随着单细胞的逐步扩张，各种问题随之而来，比如对能量的需求增大，需要很多食物才能养活自己，而单个个体在一定时间内可以获取到的食物非常有限。

所以自然进化的方向不言自明，团队合作的效能必然优于单打独斗。为了有效地扩大体型，多细胞生物体逐渐登上进化的历史舞台。

多细胞生物体是怎么诞生的呢？

有一种集群理论说法。该学派认为多细胞生物体源自同一种单细胞生物体，是由同种细胞简单地群聚形成的，或是由在突发状态下（比如在天敌出现时）产生后代时的不完全分裂导致的。集群理论的提出者海克尔[1]发现多细胞的海绵和单细胞的领鞭毛虫在形态上具备很大的相似性，而且领鞭毛虫在种系发生树上确实是早于海绵，所以认为海绵可能是领鞭毛虫聚居而产生的一种新的多细胞物种。还有科学家进一步证明了集群理论的可靠性。他们在绿藻（一种单细胞藻类植物）培养皿中加入一些会猎食绿藻的鞭毛虫后，发现绿藻会在产生子细胞的时候不完全分裂，新产生的子细胞会粘连在一起形成大型的多细胞生物体，以此对抗鞭毛虫的猎食。

和集群理论对应的另一种解释多细胞生物体起源的理论叫作共生理论，该学派认为多细胞生物体是不同种类的单细胞而非一种单细胞聚集的结果。

思考与实践

1.1 关于多细胞生物体的来源，其实到现在也还没有确定性的证据出现，各个研究者都可以根据自己的实验结果发表假说。根据你所学到的内容，你觉得谁的观点更可信呢？

1　恩斯特·海克尔（E. Haeckel，1834—1919）德国博物学家，达尔文进化论的捍卫者和传播者。

多细胞生物与单细胞生物相比，一方面由于体型大了，被捕食的危险系数降低了，存活时间比单细胞更长；另一方面，多细胞生物体的细胞聚居更有利于相互"照顾"，也从一定程度上延长了细胞的存活时间。此外，细胞职能的分化也是增加多细胞生物体竞争力的另一个主要原因。

亚当·斯密[1]在《国富论》中曾经讲述过这样一个社会现象，原始部落的人类以猎捕为生，每个人自己制作弓箭。由于个体的差异，各人捕猎的能力和制造弓箭的技术参差不齐。某个善于制作弓箭但不擅长捕猎的人，在一次偶然的机会中用自己制作的弓箭换取他人捕得的猎物。当他发现自己制作弓箭换得的猎物，比亲自去捕猎获得的还多的时候，出于自身的利益考虑，他的生活重心会从捕猎转向制作弓箭。相应地，捕猎的人发现使用他制作的弓箭比自己亲自做的更好使，会更愿意使用他做的弓箭。久而久之，整个部落的人出现了分工。他们虽然从事着不同的工作，但是总体而言是以一种相互协作的形式存在的，这个群体中的个体（每个人）通过相互协作获得了比独自行动更多的利益。

和人类社会一样，多细胞生物体的诞生，标志着在生物体内以细胞为主体的社会形态的形成。群体聚居的必然结果是"细胞社会"中各种各样分工的诞生，即细胞的分化。

细胞的分化对整个生命体有什么好处呢？

我们可以先设想一下人类社会没有职业分工会是什么情况：你穿的衣服要自己从养蚕开始，先收获蚕丝，然后织成布，再裁剪做成衣服；你吃的米饭要从播种开始，播种，浇肥，收割再做成饭；你住的房子要一砖一瓦自己盖……生活琐事很多，需要做的东西远远不止这些。此外，你再也听不到新歌，看不到新的漫画，追不了网上的新剧。因为那些大咖、网红都在忙着做自己的衣服，种自己的米饭，修自己的房子。不仅如此，你也没有时间学习了。这种无分工形态，致使整个社会的效能极为低下。想想现在，在社会分工明确的条件下，不仅各种各样的生活需求得到满足，你还有大量的剩余时间丰富精神世界，所以分工带来的好处是显而易见的。对于细胞亦是如此，每个细胞专注自己擅长的方面，从不同功能对生命体给予支撑，这样附属在生命体上的每个细胞都处于最好的状态，这也是前面提到的聚合成多细胞生命体的细胞寿命更长的原因。

凡事都具有两面性。多细胞生物体内细胞的分化降低了单个细胞的工作量，但随之而来的是细胞在某些领域的功能丧失，好比在现代社会里不是每个人都会种粮食一样，社会分工致使没有长期从事这方面工作的人逐渐丧失了这种能力。细胞分化面临的另一个挑战是协同合作问题，聚居在生物体上的细胞怎么知道自己该做什么，谁来告诉它们什么时候应该做什么。这个时候，前面所说的原始神经细胞的优势就显示出来了，它通过向其他细胞发送信号（或是传输接收到的信号）来指挥调度生物体的其他细胞，使它们有条不紊地协同工作。那些被指挥、被控制的细胞心甘情愿"沦为"神经细胞的傀儡，接受神经细胞的差遣吗？我们不得而知，但是可以肯定的是，如果分化的细胞没有接受神经细胞的"指挥"，可能会给整个生

1　亚当·斯密：英国经济学家、哲学家、作家，经济学的主要创立者。

物体带来巨大的生存威胁。所谓皮之不存，毛将焉附，如果整个生物体不幸沦为这场指挥权较量的"亡魂"，那么不接受命令的细胞必然也难逃厄运，成为"政权争夺战"的牺牲品。相反如果分化的细胞接受神经细胞的"指派"，完全按照"命令"行事，生物体获得充足的养料，接受"指派"的细胞自然也得到不少好处。总的来说，服从大局指挥也许对于每个细胞而言都更加有利。在神经细胞的指挥下，生物体的各个细胞都能获得养料和不错的生活环境。所以，那些控制着其他细胞的神经细胞"黄袍加身"，走上了统治的巅峰，让被操纵的细胞"俯首称臣"。

　　生物体细胞各司其职、相互合作、互惠互利，极大地增强了生物体的生存能力。但是细胞分化由神经细胞统一控制的局面并不是有百利而无一害的，体内有明显细胞分化的生物体，不得不面对由之产生的种种不利后果。最大的弊端是，一旦神经细胞受损，将会使得其控制的细胞处于群龙无首的状态，生物体会因此而丧失正常的生理活动能力，如不能感知周围环境中捕食者的存在。

　　宇宙万物本来就是福祸相依，利弊并存的。神经细胞的存在使得生物体获得强大的生存能力，也因为神经细胞的存在，成为生物体最大的软肋，破坏掉生物体的神经细胞会使其未亡体僵。避免这种缺陷的办法是，将神经细胞藏到其他细胞后面保护起来，使得这个脆弱但极其重要的部位不至于那么容易被破坏。

　　于是，一场关于神经细胞的大迁徙在几亿年的进化历程中拉开序幕，神经细胞在生物体中的位置不断后退，而受神经细胞控制的细胞却不断地被推到生物体的体表。神经细胞退居幕后之后，生物体在遭遇诸如受伤之类的突发事件时，神经细胞由于处于生物体内部而受到保护，被扼杀的概率降低了，受伤的生物体仍然能够有效地与外界进行交互。

　　另一方面，前面提到过，细胞分化的结果是细胞特化：一种神经细胞只具备某一项或某几项功能，比如获取外界光线的神经细胞可能无法感受外部的声音。如果负责这些功能的神经细胞随机在身体挑选一个地方聚集，显然不太合适。因为假设危害恰巧不幸落在感知区域的盲点部位，生物体会在毫无防备的情况下命丧黄泉。所以最好的办法是把这些负责感知的神经细胞放置在一个最适当的位置。实践证明，生物体进化方向的最终结果就是这个"最佳"位置。这个位置的细胞，在远远超过人类寿命的时间里，伴随着生物体生活环境和自身体型不断进化，最后人脑伴随着人类的出现诞生在地球上。

　　神经细胞的聚居演变产生了脑的雏形。脑的诞生过程和地球上生命的诞生一样充满了随机性。偶然发现多细胞群居分工合作更有利于生存，偶然发现分工合作中有"人"指挥比无"人"监管更有效，偶然发现把有指挥权的神经细胞集中在一个隐蔽的地方在遭遇不幸时更存生机。脑成为生物体与自然环境"争斗"中意外获得的至宝，并成为大多数动物身体上最重要的部分。

第二章 人机智能的基础部件

> 合抱之木生于毫末，九层之台起于垒土。
>
> ——《道德经》

  人脑是人类得以具备智慧的核心部件，不管是看、听、说话、运动还是思考，都需要人脑中的一些部件参与调控。虽然无法确定目前人类的创造是不是唯一能够让机器智能化的方法，但可以肯定实现机器智能的方式之一是人工智能。就像人类智能的产生需要人脑这个核心部件一样，人工智能的正常运作也需要机器的部件作为支撑。人类产生智能的核心部件——大脑和使用人工智能方法使机器智能化的核心部件——机器的"脑"有什么联系与区别呢？

一、 大脑的组成与结构

  2007年，美国神经科学家戴维·林登（David J. Linden）写了一本《进化的大脑》，采用从下往上的顺序从宏观的角度来说明人脑的各个组成部分（如下图）。

  其中，人脑中最下面的区域是脑干。脑干由中脑、脑桥和延髓三大部分组成。从图中可以清晰地看出脑干其实是脑与身体其他部分的连接轴，负责皮肤、肌肉、脊髓与大脑之间的信号传送。脑干也负责调控心跳、呼吸、消化等个体生命重要生理功能，是产生清醒和睡意的部位。对于那些在考试之前为了熬夜学习而借助咖啡阻止睡意的同学而言，咖啡刺激的就是他们的脑干区域。因为脑干能够联合脊髓回路麻痹肌肉，让人体处于放松状态，这种麻痹在睡眠时尤为明显。但当人体清醒时，受到肾上腺素和血清素的影响，麻痹作用会被阻断。此外，脑干区域的受损将严重影响人的生活，小区域的受伤（如中风或肿瘤导致）会使病人

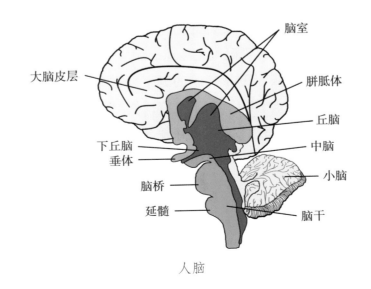

人脑

陷入昏迷，大范围的受伤可能导致死亡。

　　紧靠着脑干的区域是小脑，是控制身体完成复杂运动的部位，它通过连接运动皮层的回路精确地指定运动中每个动作的出现顺序和持续时间，比如跳舞。14世纪70年代，欧洲村庄出现一种疯狂的舞蹈病，发病的人会产生强烈的肌肉痉挛，像是跟着某种听不见的音乐狂热起舞。此病曾被认为是女巫修炼黑魔法造成妖邪作祟的结果，后来证实是因为细菌感染影响小脑等部位造成的。

　　另外，小脑在鉴别"期望事件"与"非期望事件"中扮演着重要的角色，即减少对将要发生事件的知觉注意。比如正聚精会神看恐怖片的时候，有人突然拍了一下你的肩膀，你肯定会被吓得不轻。但在别人还未偷袭（悄悄拍你肩膀）之前你如果已经有了心理准备，就不会感觉到多害怕，这就是你小脑干预的结果。

　　小脑往上一点的区域是中脑。中脑包含初级的视觉和听觉中枢。

　　中脑在两栖动物身上（比如青蛙）具有重要的作用，在高级动物（比如哺乳动物）身上的作用却没有那么明显，因为哺乳动物有更加高级的处理视觉和听觉的神经中枢。但是在发生意外后，比如某人因故导致高级视觉中枢受损，那么这种中脑所保留的视觉中枢的作用就体现出来了。有人曾经邀请因高级视觉中枢受损而失明的病人参与一项实验，在实验中，病人被要求去抓身边的一件物品。几乎所有的参与者都觉得不可能，但他们却都能奇迹般地完成这项任务。原因在于他们抓物动作并没有与大脑中产生视觉感知的皮层建立联系，即抓的动作不需要他们自己看到，只需要侦测到实际物品所在位置伸出手就可以了，而中脑恰恰可以处理这种信息。

　　中脑往上一点的区域是丘脑和下丘脑。丘脑和脑干具有类似的信号传输的功能，只是丘脑传输信号的目的地是大脑中高级的脑区。

　　你知道吗？当处于寒冷的环境中时，人的下丘脑的重要性就体现出来了。下丘脑的功能是分泌各种激素维持机体内环境的稳定。当你感觉寒冷时，下丘脑会分泌一种促进甲状腺分泌的物质，加快身体的新陈代谢。不仅如此，对于那些想要减肥，嘴巴却完全抵抗不住美食诱惑的人来说，让他们减肥计划落空的罪魁祸首之一就是下丘脑。因为人类饥饿和口渴的本能是由下丘脑激发的。科学研究发现，被破坏了下丘脑外侧核（下丘脑中的一部分细胞）的大鼠茶饭不思，而被破坏了下丘脑腹内侧核的大鼠却暴饮暴食。这说明下丘脑外侧核分泌的化学物质可以减少人们对于食物的渴望，这何尝不是一种有效的节食减肥策略呢？近年来鉴别引起饥饿和饱足感觉的化学分子已经成为减肥产品研究的新方向。

　　此外，下丘脑可能还与嗜睡症有关。嗜睡症患者会不分场合，不限时间经历频繁地短暂深度睡眠，最新研究表明，此类病人是由于下丘脑分泌的下视丘素缺失引起的。因为下视丘素具有维持甲状腺激素和血清素处于适量状态的功能，当甲状腺激素和血清素减少时，人脑就容易产生困意。

　　丘脑往上是大脑，大脑是人类机体调节最高级的中枢，也是知觉、意识、记忆、学习和决策的关键部位。

大脑外表面通常被叫作大脑皮层，表面积很大。大脑皮层上很多被称作"沟""回"的褶皱增加了大脑皮层的表面积。从背面看，人脑被分成左右两个半球，每个半球又被三个沟（中央沟、外侧沟和顶针沟）分割成四个部分，这四个部分分别叫作额叶、顶叶、颞叶和枕叶。额叶负责人类高级的认知功能，比如学习、语言、决策、抽象思维、情绪等；顶叶负责躯体感觉、空间信息处理、视觉信息和体感信息的整合；颞叶负责听觉、嗅觉、高级视觉功能，分辨左右，长期记忆；枕叶负责视觉处理。

其中额叶是这几个区域里面较为发达的区域，它的损伤会对人的性格产生重大影响。比如，1848年，一名叫盖奇的工人在修筑铁路时不慎受重伤，造成大脑额叶区域的损坏。经过抢救，盖奇恢复了健康，可以正常地说话，走路，但是额叶损伤使他性格发生很大变化，从和蔼友善变成固执、冲动、自私。无独有偶，2002年，一名被控对儿童实施犯罪的教师在入狱前告诉医生，他一直经受着头痛的折磨，控制不住体内犯罪的欲望，医生检查后发现这名罪犯脑内有一枚肿瘤正好压迫了额叶。

隐藏在大脑内部区域有两个重要的结构，分别是负责情感的杏仁核和负责记忆的海马体。

杏仁核支配人体对于恐惧的意识。当杏仁核发生功能性障碍时，患者的胆子会变大。比如，一位叫SM的女性因为疾病导致其杏仁核萎缩消失，致使她的胆子比一般人都大很多，看恐怖电影不会产生普通人经历的心跳加速、手心出汗、血压升高等症状。杏仁核损伤的人由于不容易有恐惧感，具有更强的抗压能力。但另一方面，他们由于缺乏恐惧感而不懂得规避危险，很容易把自己置于危险的境地而不自知。

海马体是将短期记忆转化成长期记忆的部位，也就是说，海马体损伤会造成人的记忆障碍。比如，曾在英国名噪一时的音乐家Clive Wearing[1]，在1985年不慎感染了一种名为单纯疱疹病毒脑炎的急性病，从而陷入再也无法记忆的深渊，他最多只能记住30秒以内发生的事情。造成无法形成较长记忆的原因，在于这场急性病彻底损坏了他的海马体，因而他也被世人戏称为"只有7秒记忆的人"。

从微观看，构成脑组织结构和机能的基本单位是神经细胞。人脑内共有两类神经细胞：神经元和神经胶质细胞。人脑神经元的个数大约为10^{11}到10^{12}个，神经胶质细胞的数量大约是神经元细胞的10～50倍。

人脑中的神经信号主要是由神经冲动来传递的，神经冲动具体是怎么传导的呢？

神经冲动传导的关键在于细胞膜上的钾钠泵和离子通道。钾钠泵负责调控神经细胞内外钾钠的离子浓度，将钾离子运输到细胞内，将钠离子运输到细胞外。对于某个细胞而言，在钾钠泵的作用下，其内部的钠离子比细胞外要低，钾离子的含量比细胞外要高。离子通道像是安装在细胞膜上面的门，每种离子要出入细胞都要通过特定的"门"，我们把钾离子通过的"门"叫作钾离子通道，钠离子通过的"门"叫作钠离子通道。当相应的门打开时，在两侧离子浓度差的驱使下会有相应的离子通过特定的"门"。这个很像把一滴墨水滴到一

1　Clive Wearing：英国音乐家，指挥家。

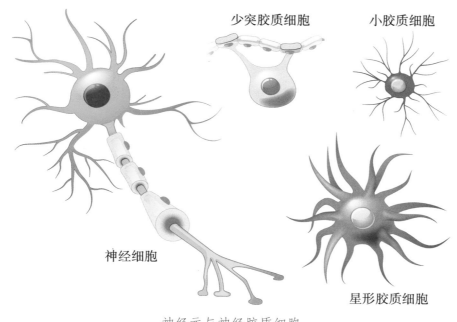

少突胶质细胞　　　小胶质细胞

神经细胞

星形胶质细胞

神经元与神经胶质细胞

杯清水里，墨水会逐渐在水中扩散一样，如果没有外界的干预，最后墨水在清水中会扩散得很均匀。

在静息状态下，细胞外的钠离子浓度高于细胞内的钠离子浓度，细胞外的钾离子浓度低于细胞内的钾离子浓度。这个时候钾离子通道是打开的，细胞内的钾离子会像墨水一样朝着浓度低的方向扩散。这样的结果就是细胞内的正电荷流失（钾离子带正电），导致细胞内的电荷表现为负，细胞外的电荷表现为正。当细胞内的钾离子流失到一定程度之后，细胞膜上的钾离子通道会关闭，维持细胞内负电位、细胞外正电位的状态。当细胞某点受到兴奋刺激时，相应部位的钠离子通道会打开，这时因为细胞内的钠离子浓度偏低，细胞外的钠离子会朝着细胞内移动，导致细胞内因为带正电的钠离子增多而带正电，细胞外钠离子减少而带负电，细胞内外的电位发生变化，使得信息迅速传遍整个细胞。而当信息传输到两个神经细胞连接的突触前端时，引起突触前端释放神经递质，神经递质通过突触间隙扩散到另外一个神经细胞，接收到刺激的神经细胞再次产生神经兴奋，于是信息就像被推倒的多米诺骨牌一样向前传播。

二、 机器的"脑"——中央处理器与存储器

利用人工智能实现机器智能的方法很大程度上是建立在对数据的计算上的，所以对机器来说常常需要承担非常大的计算任务。要弄清楚机器"脑"的构造，不妨以人类计算的过程来思考这个问题。

假设现在有一个算式：

$$1+2-3+5 \div 5 \times 4-6+7 \times 8 \times 9 \div 10$$

你是怎么计算的呢？可以自己先想一想。还记得小时候学的计算规则吗？先计算1+2可不对哦。根据先乘除后加减的运算规则，我们首先是不是应该计算5÷5，然后得到一个1，再把这个1和4相乘得到4，然后再……

通过这个过程可以看到计算中两个关键的过程：计算和存储。在计算过程，将要计算的数字和运算符绑定在一起组成一次运算，比如说首先将数字5和5与运算符÷绑定到一起计算得到结果1。在存储过程中，将这个由"5÷5"得到的1"记"下来，对于小朋友来说他们可能会把这步的结果记在纸上，但对于你来说应该会把这个结果1记在心里，然后用这个"记"下来的结果替换刚刚的"5÷5"，再进行下一轮的计算。

机器在进行计算的时候并不能把计算结果1像我们一样"记"在心里，但是它有一个特别的部件把它"记"下来，这个部件叫作机器的寄存器。执行每轮计算的部件叫作运算器。

虽然有了寄存器和运算器，看似可以像人类一样进行计算了，但是寄存器只是用来暂存数据的，它能存储的数非常少，运算器的功能只是负责运算，每次只能做一个运算。所以，在计算完一轮之后谁来把运算器计算需要的数据"搬"到运算器的"控制区域"，谁来告诉它下一轮该做什么运算呢？负责这项工作的部件叫作控制器。但控制器又是从哪里拿到要计算的数字，从哪里获知下一步应该做什么运算的呢？

因此机器还需要一个东西来存储计算的顺序，先计算哪个式子，再计算哪个式子，这个计算顺序在机器的世界里叫作指令，通常指令存储在机器的存储器中，这样机器可以每运算完一个式子就去看看下一个指令是做什么，再照着指令完成下一项计算工作。另外像那些暂时没有在计算中使用到的数字也会被存储在存储器中。

寄存器是用来存储计算中的数字的，寄存器和存储器到底有什么区别呢？其实从名字应该猜得出来，它们的功能都是用来存储的，只是机器要数据的时候寄存器能很快给出而存储器给得比较慢而已。

所以可以发现，相对于人脑而言，基于人工智能实现机器智能的方法下设计的机器的"脑"较为简单。机器的"脑"中最关键的两个部件是存储器和中央处理器。存储器用来存放数据和指令。中央处理器则根据存储器中存放的程序对存储器中的数据进行操作，如把存储器中存放的1和2相加。需要注意的是机器存储的数据和指令并不是我们看到的样子，所有的数据和指令都是以二进制存储的。

比较简单的存储器可以分为三级：主存储器、辅助存储器和高速缓冲存储器。其中主存储器和高速缓冲存储器可以被中央处理器直接访问，中央处理器在它们的存储中读取数据的速度非常快，但囿于容量很小，只能存放少量的数据。而辅助存储器虽然读取数据的速度较慢，但是可以存储的数据比主存储器和高速缓冲存储器的多很多。

中央处理器主要的两个部分就是前面提到过的：运算器和控制器。

运算器是中央控制器中对数据进行运算的部件，包括算术逻辑单元、寄存器。算术逻辑单元是用来对数值进行计算的。寄存器用来暂存操作数和运算结果。下页上图展示了一个正在做加法的运算器，运算器接收2和3的二进制数，求和得到一个5的二进制数。运算器除了可以做加法操作之外还可以执行减法等算术运算和与[1]、或[2]、非[3]之类的逻辑运算，甚至可以做移位运算[4]等操作。在机器工作的过程中，控制器会控制运算器该对哪些数进行哪种操作。控制器根据指令，从存储器中取出数据，向运算器发出相应的操作信号，"指挥"运算器进行算术逻辑运算，从而使得机器能够有条不紊地自动工作。因而，控制器可以看作是机器的指挥中心。

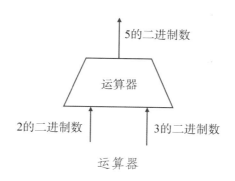

运算器

机器的各个部件之间进行数据传输，比如把存储器中的数据传输到计算器，需要一个东西将这些部件连接起来，这个东西叫作总线。通过总线，可以分时地发送和接收各个部件的信息，如下图所示。中央处理器要获取存储器中存储的数据进行计算，就需要总线将数据信息从存储器传输到中央处理器。

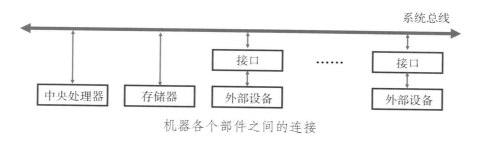

机器各个部件之间的连接

这些基础部件是如何进行协调工作的呢？以机器计算x+y+z为例来具体说明一下。假设x的值是2，y的值是3，z的值是5，分别存储在如下页上图所示的主存储器编号为5，6，7的位置。需要注意的是存储器存储的是数值，没有括号内的x，y，z，所有的指令和数值都是以二进制方式存储的。在这里列出只是为了帮助你更好地理解。

如下页上图所示，程序和数一开始都存储在存储器中，主存储器上面存储的是指令，告诉机器该完成哪些操作，下面存储的是数值，用于计算时候操作使用。计算的流程如下：

---

1 与运算：计算机中的一种运算方式，用符号 & 表示，接收两个操作数，只有在两个操作数都为 1 的时候，其运算结果才为 1，否则为 0。如 1&1=1，1&0=0。
2 或运算：计算机中的一种运算方式，用符号 | 表示，接收两个操作数，只有在两个操作数都为 0 的时候，其运算结果才为 0，否则为 1。如 1|1=1，1|0=1。
3 非运算：计算机中的一种运算方式，用符号～表示，接收一个操作数，当操作数为 1 时结果为 0，操作数为 0 时结果为 1。
4 移位运算：计算机中针对二进制的一种运算方式。

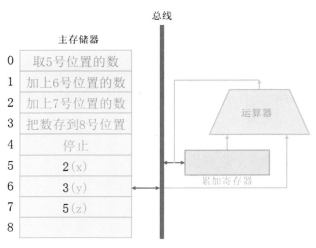

数据和指令的初始状态

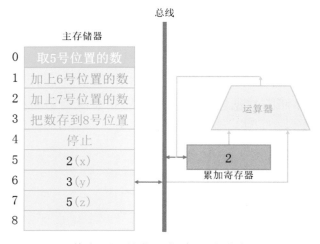

执行了0号位置指令后的状态

① 执行0号位置的指令。中央处理器先读取主存储器中0号位置的信息，发现该指令是让它去5号位置读取x的值。中央处理器去5号位置把x的值2读出放到累加寄存器中，此时累加寄存器中的值是x的值。如左图所示。

② 执行1号位置的指令。中央处理器读取1号位置的指令，发现该指令是让它去加上6号位置的数。中央处理器把6号位置y的值3读出和累加寄存器中x的值2进行相加。x和y相加产生一个新的临时结果5，这时5的值会被放到累加寄存器中（也就是原来存放x的那个位置），原来x的值2被覆盖掉了，累加寄存器中的值变成了5，如下页上图所示。

③ 执行2号位置的指令。中央处理器读取2号位置的指令，发现该指令让它去加上7号位置的数。中央处理器将7号位置z的数值5读出与累加寄存器中的5进行相加，将得到的值再次写到累加寄存器中，如下页中图所示。

④ 执行3号位置的指令。中央处理器读取3号位置的指令，发现该指令让它把数存储到8号位置。中央处理器将累加寄存器中的内容存储到8号位置。此时主存储器8号位置存储的是x+y+z的值10，如下页下图所示。

⑤ 执行4号位置的指令。该指令是让中央处理器停止工作。读到这条指令之后，中央处理器停止工作，如22页图所示。

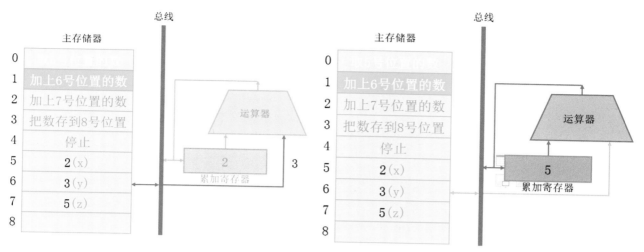

执行了1号位置指令后的状态

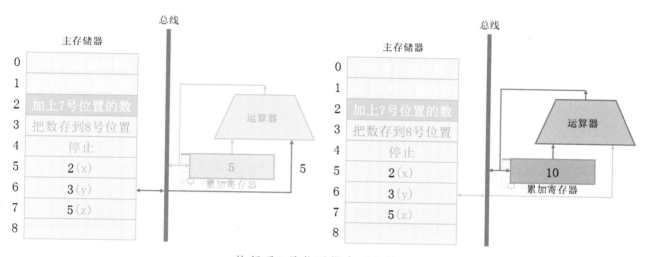

执行了2号位置指令后的状态

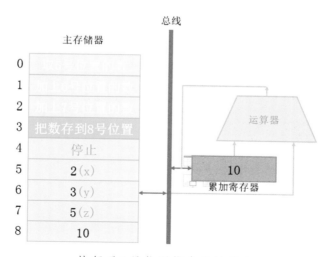

执行了3号位置指令后的状态

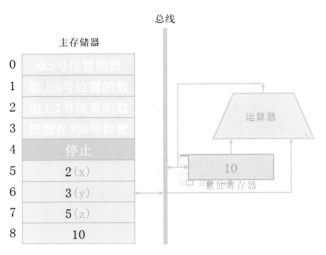

主存储器

0	取5号位置的数
1	加上6号位置的数
2	加上7号位置的数
3	把数存到8号位置
4	停止
5	2(x)
6	3(y)
7	5(z)
8	10

执行了4号位置指令后的状态

思考与实践

1.2 你觉得机器的"脑"和人类的"脑"的基础部件是否存在相同点。

第三章 人机智能的产生过程

子云、相如，同工异曲。

——韩愈

毫无疑问，人脑拥有迄今为止我们所知的世界上最高的智能。同时，我们也认为某些机器是智能的，比如我们会说手机是"智能"的，会下棋的AlphaGo是"智能"的。人类的智能和利用人工智能实现的机器智能的产生的过程是否一样呢？

一、 人脑智能的产生过程

你可以通过学习学会解x+1=10的方程，也可以记住早饭吃了什么，像学习、记忆之类都属于人脑智能的表现。简单一点的感知，比如听、看，也可以看作人脑的一种智能。人脑智能可以有效地感受到外部刺激，也可以对外部刺激做出适当的反馈。

我们以人脑的"看"——识别下图中的小孩为例来看看你的大脑是如何产生智能的。

人工智能技术生成的人像

光和声音一样也是一种波，根据《人脑之书》[1] 中的描述，当光线照射到图中人物的脸部时会产生反射。被反射的光穿过眼角膜通过瞳孔进入你的眼睛，这束光经晶状体汇聚落在视网膜的感光细胞上。感光细胞受到光线刺激而被激活产生电信号，这些电信号会被送往大脑

---

1 《人脑之书》英文名为《The Human Brain Book：An Illustrated Guide to its Structure, Function, and Disorders》，作者 Rita Carter。

中的初级视觉皮层。

在一般情况下，初级视觉皮层接收到信号后，会分两条路把视觉信息发送出去做更高级处理。

其中一条叫作where通路。where通路是专门用来计算所识别事物的方位、运动等信息的，比如路上川流不息的车辆，舞蹈演员轻柔曼妙的舞姿等。where通路受损的人无法辨别与物体空间关系和物体运动相关的信息。他们能看到出现在面前的物体，但是动手去抓就会出现障碍——抓不住。他们看运动的东西会出现类似视频卡顿时的画面，所有的画面都是断断续续不连贯的，所以他们在倒水、过马路的时候会出现困难（开始看时水还没有满，然后就发现水莫名其妙地满了；开始看到路上没有车，等车撞上他们了，才发现车已经出现在面前）。

另外一条是what通路。what通路是用来处理识别所见事物的形状、颜色等信息的。比如上页图里小孩的面部轮廓会通过what通路送到面部识别区。面部识别区中的神经负责对不同的面部信息进行抽象识别，有的神经识别人物的眼睛，有的神经识别人物的肤色，有的负责识别眉毛等，不同的神经分工合作识别出人物整张脸的面部信息。

通常来说，从面部识别区域抽取的信息，会被进一步送往其他区域，比如与记忆相关的区域做进一步处理。因为人类对人脸的识别需要不同神经细胞之间的相互协作。当人脑中的面部识别区域异常时，病人会出现脸盲症。

此外，人脑的面部识别区能识别面部的主要特征，但是它对倒置的画面特征并不敏感，比如，你可能会认为上页图中右边的图是左边的图旋转180度之后的结果，现在，你可以把书旋转180度再试试。发现了吗？左边的人和右边的人是有差别的。

对于人类智能的产生过程，我们只知道是感官将外界的信息送入大脑，但是从接收信息到产生智能这个过程中的细节还有待科学探索。比如前面所说的人类"看"的过程，我们可能知道看到的人脸是怎么达到大脑中的视觉神经细胞的，也知道有哪些神经细胞参与了看的过程，但是现在还很难讲清楚人的意识是怎么产生的。比如上页图中的小孩，看到的时候你会迅速知道不认识这个小孩，但目前的科学水平还很难解释你是如何意识到不认识这个小孩的。

延伸阅读

不完美的眼睛

视觉的形成依赖于晶状体把光线汇聚到视网膜上，视网膜上的感光细胞接收到光线信号的刺激而兴奋，产生动作电位，再由专门负责传导这种兴奋的神经把信号传输至大脑的视觉中枢。为了简单起见，我们可以将传导信号的神经想象成导线的样子，下页上图是两种眼睛中视网膜的结构，你觉得人眼的结构是哪一种？

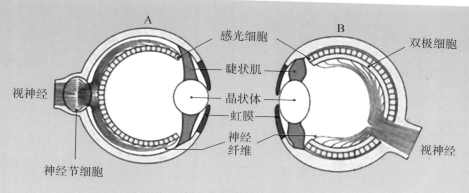

两种不同的眼睛构造

结构A与结构B最大的区别在于感光细胞是否覆盖在传导神经下面。结构A中光线先到达感光细胞再由传导通路传回视觉中枢。结构B中光线透过传导通路才能到达感光细胞，所以如果传导通路要绕到眼睛后面传递信息回大脑，只能穿过其后的感光细胞才行。

结构A比结构B更"完美"，但让人沮丧的是所有脊椎动物的眼睛都是属于图中B的结构。

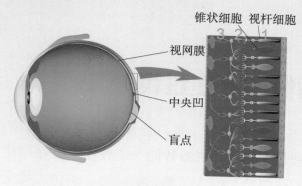

视网膜细胞剖面图

人眼视网膜的细胞可以分为三层。前面两层（上图中的2、3）负责把视觉信号送到人脑的视觉中枢形成视觉，最后面的那层是感光细胞。视觉的形成需要光线的刺激，显然感光细胞（上图中的1）本来应该是在最前面接收光线，然后把信息传给2、3，再由2、3传回大脑的。但人眼视觉信号的形成和传送方式是光线先"穿过"2、3，再被1获取到，然后1把信息传送给细胞2、3，再由它们传送回大脑。人脑的视觉中枢相对于人眼的位置靠后，所以显然1比2、3离视觉中枢更近，而细胞2、3要连接人脑后面的视觉中枢，必须透过感光层的细胞（上图中1），不得不在感光细胞层"凿"个洞让信号能顺利通过。

人脑　　　AI

这种结构造成人类眼睛的两种天然缺陷：生理盲点和视网膜脱落风险。比如你闭起左眼，用右眼看上页下图左边的文字，把书拿到一臂长的位置再慢慢靠近你的眼睛，在此期间右眼始终注视"人脑"并用余光看"AI"，在其中的某一个位置，你会发现"AI"消失不见了，这就是盲点。盲点对人类最大的困扰是触发交通事故，如果司机行车过程中因为盲点而无法及时看到行人和车辆，就有可能产生悲剧。

盲点的产生源于B结构中传导通路在视网膜的感光细胞上"凿"出的洞。在这个"洞"上，由于感光细胞的缺失，视网膜的那个点就无法捕获光线。当晶状体的光线落在盲点上时，人类无法感知。

另一方面，人眼不完美的构造也是造成视网膜脱落的原因。年龄增大、脑部损伤、高度近视等因素都可能增加视网膜脱落的风险。视网膜脱落会对视觉产生负面影响，严重的还可能造成失明。

和人类的眼睛不同的是章鱼的眼睛。章鱼的眼睛属于图中的结构A，它们的感光细胞在外层，负责将视觉信息传送回大脑的细胞在内侧，所以章鱼不存在盲点，视网膜脱落之类情况发生的概率也比人类要小很多。

二、 机器智能的产生过程

和人类智能的产生过程非常相似，来自外部非刺激信息需要传输至机器最核心的信息处理部位进行处理。到目前为止，机器智能一定程度上是在模仿人类的智能，比如模仿人类听人讲话，模仿人类认出熟悉的人、熟悉的动物，模仿人类做出决策。由于机器和人类产生智能的核心部件的差异性，在人工智能驱动的智能机器中，大部分机器更倾向于将外界输入数字化，通过数字分析形成智能。我们再次以"看"为例来说明机器产生智能的过程。

如果要让机器像人一样"认出"一个人，必须将机器的"眼睛"捕获到的信息传输至机器的"脑"。具备照相功能的设备（如摄像头）是机器的"眼睛"。摄像头捕捉到的信息无论视频还是照片，最终都可以转化成数字图像。将数字图像传输至机器的"脑"进行数字分析，就可以实现机器的"看"。

数字图像的本质是像素点，不断地放大数字图像，你会发现图片是由很多个小方块构成的，如下页图（b），这些小方块就是像素点。每个特定的像素点都有一个颜色，比如下页图（b）方框中的颜色是棕色。每种颜色可以有三个与之对应的数值，这三个数值被记为RGB。下页图（c）圈出的像素点的RGB值是177、125和104。一张数字图像对于机器来说就是一堆数字。

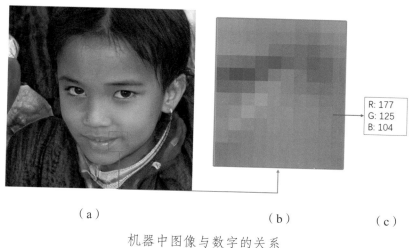

（a） （b） （c）

机器中图像与数字的关系

思考与实践

1.3 平时见到的照片，有的是彩色的，有的是黑白的，那黑白照片又是怎么用数字表示的呢？

对比几张数字图像，你会发现不同图像的像素点组合是不一样的，因为图案不一样，颜色及其出现的位置自然会有差异。机器将采集到的人脸照片形成一堆描述数据存储在存储器中。当需要对数字图像进行识别时，图像数据会被载入运算器，再根据人工智能技术对应的指令进行操作计算，最后识别出结果。

和人类识别人脸的过程不同，人类对于现在帮助机器识别人脸的核心技术有着清晰的认识，毕竟人工智能这项技术诞生于人类的智慧中。那么为什么人工智能可以帮助机器实现智能呢？它有什么过人之处呢？本书将会在接下来的部分为你一一揭晓。

第**2**部分
人工智能的起源与发展

人们通常可能存在的认知误区是人工智能＝机器人。其实人工智能是一门范围非常广泛的科学，包括了自然语言处理、机器学习、模式识别等。随着其理论和技术的日益成熟，人工智能的应用领域不断扩大。因此人工智能的发展可以看作是多线程的，不同方向的发展线程共同构成了人工智能跌宕起伏的发展史。从右图可以看出人工智能的整体发展脉络。

人工智能的起源和它的定义一样素无共识。"智能"的思想早在1936年图灵（阿兰·麦席森·图灵，Alam Mathison Turing）的文章中就体现了，并且图灵本人在日后多篇传世之作中都提及"智能"，例如他1950年发表在哲学杂志《心》（《Mind》）上的文章《计算机与智能》（《Computing Machinery and Intelligence》）。"人工智能"一词的来源是一个未解之谜。现今一般认为的人工智能的起源——1956年达特茅斯会议的组织者麦卡锡（约翰·麦卡锡，John McCarthy）也只是沿用了这一说法。该会议是人工智能历史上一个极其重要的风向标，从此以后人工智能开始了蓬勃发展，1957年"感知机"面世。

历史车轮滚滚前行，这门学科一直到今天还鼎盛着，并且大有更盛之势。然而一门艺术（我们姑且这样称呼它）必经千锤百炼，方能玉汝于成。人工智能的发展曾不可避免地在两次跌入谷底。神经网络两次拯救人工智能于势微局面。1986年反向传播的出现，以及2006年辛顿（杰弗里·辛顿，Geoffrey Hinton）提出了深度学习，不仅是神经网络发展支线上举足轻重的转折点，也为神经网络在人工智能领域树立了不可替代的地位。

后面的故事大家都知道了。人工智能在棋类竞赛中的成绩令全世界瞩目，成为科技时代不可忽视的中坚力量。AlphaGo、AlphaGo Zero等人工智能产品层出不穷，呈现前途无量之态。2019年，图灵奖颁给了三位人工智能学家，有理由相信，人工智能正在走上坡路，并且有着很广阔的前景。

从1956年达特茅斯会议开始至今，人工智能发展经历过黄金时期，也遭遇过两次寒冬。现今人工智能的发展正在走向另一个高峰。阅读本部分，了解人工智能的发展历史，有助于我们更深入地学习和理解这门学科。

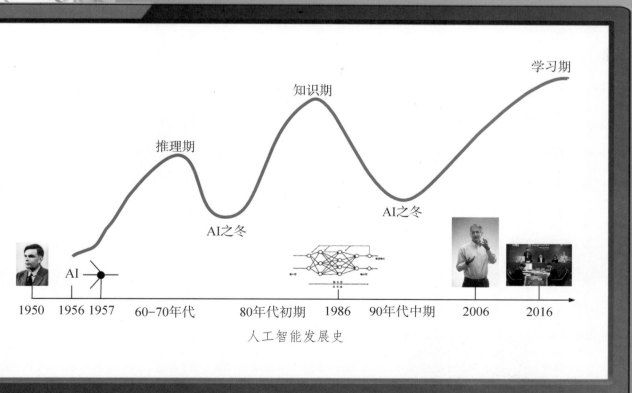

人工智能发展史

第四章 达特茅斯会议之前

> 机器是世界具有潜在意识的大脑。
>
> ——杰拉尔德·李

关于"人工智能"（Artificial Intelligence，简称AI）的起源，比较公认的说法是1956年的达特茅斯会议（又名达特茅斯夏季人工智能研究计划，Dartmouth Summer Research Project on Artificial Intelligence）。与会者包括来自达特茅斯学院、卡耐基理工学院、普林斯顿大学、麻省理工学院等常春藤学府的多位大师级人物。这场群星闪耀的会议使得1956年成为人工智能元年。然而鲜为人知的是，在那之前，人工智能还有很多精彩的前奏。

一、 图灵：机器能思维吗？

"机器智能"[1]的思想早在1936年就在图灵那篇开天辟地的论文中初现苗头了。图灵1936年发表《论数字计算在决断难题中的应用》，这是迄今最公认的计算机科学的源头。在这篇论文中他对"可计算性"下了一个严格的数学定义，并提出一种抽象计算模型，这种模型后来被他的导师丘奇称为"图灵机"。

图灵机是用机器来模仿人类计算者[2]用纸笔进行数学运算的过程。计算所需的笔、草稿纸、运算规则，被对应为探头、无限长的纸带、内部状态转移表。

图灵机的强大能力在于，它的装置和规则是如此简单，却被证明与当时已经出现的各种

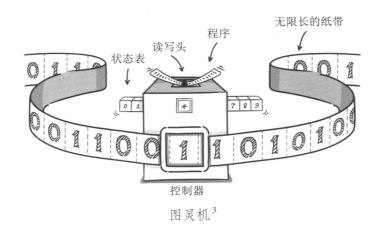

图灵机[3]

1　注意不是"人工智能"。在维基百科上，"机器智能"被重定位到"人工智能"，表示这两个词是同义词，但根据图灵1936年的文章，这里用"机器智能"更准确。

2　computer 单词在当时的含义是人类计算者，而机器计算者是 computing machinery。

3　图灵机设想主要有三个组成部分：一条无穷长的纸带，纸带的作用类似于存储器，纸带上的每个格子内可以读写0或1，或什么也不写；一个探头，可以移动到每个格子上，探头的操作包括读取，写或擦除，移动；一个有限状态自动机，可以根据自身的状态以及当前纸带上的格子的状态，指示探头实施操作。

高级计算装置等价。其中包括冯·诺依曼（John von Neumann）的细胞自动机、丘奇的λ演算、哥德尔的递归函数、Post系统、乔姆斯基0型语法等。哥德尔本人之前对自己的递归函数是不是最广义的甚至都不是很有自信，是图灵机的出现让他信服。事实上，丘奇-图灵论题（Church-Turing Thesis）提出，所有功能足够强的计算装置的计算能力都等价于图灵机。注意这只是个论题，并不是定理。但是图灵机的意义是不容置疑的，它使得原本晦涩的纯逻辑或数学的理论和物理世界有了联系，抽象和具象之间有了桥梁。这对AI尤其重要，因为它首先奠定了数学推理机械化的基调，激发了科学家们探讨让机器思考的可能性的热情。

20世纪40年代和50年代，来自不同领域的科学家们开始探讨制造人工大脑的可能性。麦卡洛克（沃伦·麦卡洛克，Warren McCulloch）和皮茨（沃尔特·皮茨，Walter Pitts）1943年在《数学生物物理学公告》上发表的《神经活动中内在思想的逻辑与演算》（A Logical Calculus of Ideas Immanent in Nervous Activity），是神经网络的第一篇文章，让人们了解到计算机可以如人脑一样进行"深度学习"。这篇文章也是控制论的思想源泉之一。

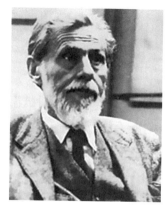

左：沃伦·麦卡洛克，右：沃尔特·皮茨

图灵早在1941年就开始思考机器与智能的问题。1947年，他在伦敦皇家天文学会就机器智能发表演讲，1948年又将这次演讲整理成文，题为《智能机器》（Intelligent Machinery），作为英国国家物理实验室（National Physical Laboratory，简称NPL）的内部报告。同年，图灵回到母校剑桥大学国王学院兼职研究员，他本科时的导师纽曼（J. R. Newman）在曼彻斯特大学数学系担任主任。曼彻斯特大学电工系主任威廉姆斯（Frederic C. Williams）正在建造当时的另一台存储程序计算机Mark-1。当地报纸把这台机器叫作"Electric Brain"，这大概是计算机头一次被媒体称作"电脑"。纽曼试图让图灵过来帮威廉姆斯做Mark-1的软件，但被图灵婉拒了。他在私信里表示自己的兴趣已转向"如何构造大脑的动作"。关于"电脑"这个称呼，英国公众知识分子还辩论过是否合适，反对者之一就是图灵的好朋友——科学哲学家波拉尼（Polanyi）。波拉尼鼓励图灵把他的想法写成文章，就是那篇写于1950年的划时代论文——《计算机与智能》，发表在哲学杂志《心》上。

严肃的"机器智能"概念应该是1948年的这篇文章最早提出的。而1950年的文章使得"机器智能"的说法被更广泛地流传。麻省理工学院的机器人专家布鲁克斯认为图灵1948年

图灵测试

的文章比1950年的更重要。1950提出的"模仿游戏"和"图灵测试",在1948年文章末尾就已初见端倪,它是这样描述的:假设A、C为人类棋手,C处于一个独立房间,另一个房间里可能是A或者一台会下棋的机器。C需要判断与自己下棋的是人类棋手A还是机器。为了避免其他因素影响对C的判断造成干扰,另有B作为传递棋招的中间人。

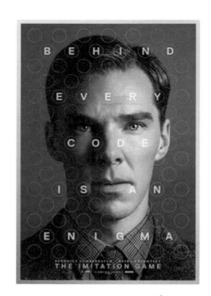

《模仿游戏》海报[1]

---

1 以图灵为人物原型的名为《模仿游戏》的电影,内容实际上和模仿游戏没什么关系,影片主要讲图灵二战时参与破译德国密码系统 Enigma 的故事,因此影片另一译名《解码游戏》更为恰当。

图灵1950年论文第一部分标题是"模仿游戏"，A和B为一男一女，分别位于两个房间，C作为提问者，通过打印字条或者中介方式和两个房间进行通信。游戏结束时C需要区分出两个房间内人员性别。其中A的任务是诱导C做出错误辨识（撒谎或者其他误导信息），B的任务是帮助C（最好的策略可能是诚实回答）。图灵提出用机器来替代A。那么问题就可以变成，C能否区分与他交流的到底是人还是机器？这就是后人说的"图灵测试"。图灵认为，如果一台机器能够通过电传设备，与人类展开对话而不被辨别出其机器身份，那么这台机器就被认为具有智能。图灵文章随后回答了各种可能的针对这一假说的质疑。"图灵测试"的意义在于首次提出了人工智能的评判标准。

电影《银翼杀手》中的维特甘测试（Voight-Kampff test）就来自图灵测试。为了区分人类和复制人，男主角德克向他们提问，观察回答、即时反应以及眼动等生理现象来判别他们是否是人类。此外，人们对机器人通过图灵测试的假想被拍成了电影《机械姬》，电影中机器人艾娃（Eva）伪装成无辜的被囚禁少女，骗过了测试员，成功实施"越狱"，并杀害了研制出自己的主人纳森（Nathan）。

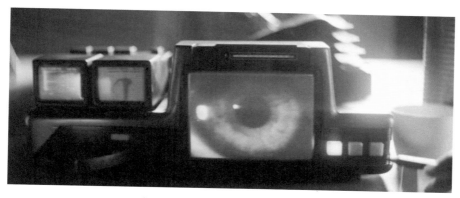

《银翼杀手》中的维特甘测试

《机械姬》中Eva在接受图灵测试

"图灵测试"取得里程碑式的进展是在2011年，IBM的"沃森"超级计算机在美国的电视智力节目中击败了人类。

图灵在1950年文章的第七部分指出：Instead of trying to produce a programme to simulate the adult mind, why not rather try to produce one which simulates the child's？与其赋予一个程序以人类的智力水平，不如让它像人类孩子一样拥有学习的特性。与其设计一个功能完备的计算机，不如创造一个"婴儿"计算机，让它从周围的原始数据中吸收信息，慢慢成长，越来越接近人类的能力。由此可知，机器学习的思想很早就出现了。

思考与实践

2.1 你还能回想起图灵机的组成部分么？它们分别有什么作用？

2.2 请用你自己的语言解释一下图灵测试。

二、 电子大脑

除了图灵，在20世纪40年代和50年代，还有两位巨匠对人工智能的诞生做出了不可磨灭的贡献，他们就是诺伯特·维纳（Norbert Wiener）和克劳德·艾尔伍德·香农（Claude Elwood Shannon）。

最初人类试图用电子管制造计算机，这可以说是人类最天才的想法之一。这一灵感来自维纳——早在1940年，维纳就提出了数字计算实际上是类似开关的二值操作。根据贝尔实验室的研究，计算机内部机理应该是二进制的，这也是维纳提出的另一指导原则。在后来出版的《控制论》中，他对1940年提出的几项指导原则进行了更完备的数学推理。

维纳本人无疑是极具远见卓识的。在第三次工业革命尚未发生时，维纳就预测这场科技革命将引起人脑在简单思考和判断上的贬值，因为科技的更新换代会导致人类疲于思考。

维纳被称为"控制论之父"，也是行为主义学派的奠基人。他于1948年出版的《控制论》是自动控制、传播学、电子技术、无线电通信、神经生理学、心理学、医学、数学逻辑、计算机技术和统计力学等多种学科相互渗透的产物。在这本书出版之后的几十年，控制论思想渗透到几乎所有自然科学和社会科学领域中。维纳的控制论被认为是行为学派的起源。

在《控制论》中，维纳从"反馈"的角度揭示了"信息"和"控制"两者间的关系，尤其是负反馈，对自然环境的生态平衡、产业链的良序发展都有非常好的调节作用。信息被反馈到本体，从而使得本体能够控制自己的行动。例如老鹰捕猎兔子时，老鹰将看到的兔子图像传达到脑部，处理成它与猎物之间距离的信息，从而控制飞行轨迹。如果信息模糊或缺失，就不能实现有效控制。比如，倘若老鹰眼睛因为进了沙子等原因导致看不清，就不能捕获兔子。

维纳认为，反馈是控制论的基石。机器是否获得智能的标准是机器能否像生物一样，通过反馈控制自己。维纳的控制论对后来神经网络的发展有着很深远的影响。

1948年无疑是信息时代具有里程碑的一年。除了维纳的控制论，香农的《通信的数学原理》也于这一年横空出世，香农因此也被誉为信息论的创始人。在香农的这篇论文里，他首次提出用"比特"来表示二进制数位。和维纳不同，他用信息熵来阐述信息量。维纳本人认为香农的这篇信息论是受到他的影响，而香农认为维纳的这种错觉来源于其根本不了解信息论。

香农提出"信息就是不确定性的消除"这一基本论点，不仅适用于描述通信的过程，也适用于描述认知的过程：人类每次认知的结果，都是对于外界事物信息的不确定性的减少或完全消除。信息论的精髓在于将通信内容抽象为信息，赋予其数学的形式，将通信过程中的信息加工变为严格的数学运算。"消除不确定性"的关键在于对信源做数学变换，压缩其到接近甚至等于原始信源的信息熵。人类认知活动也是一种信息加工的活动，原则上说，也可以用严格的数学运算来加以描述。一旦这个运算认知活动的数学模型实现了，那么可以做复杂运算的计算机也可以模拟人类认知活动过程。

图灵、维纳、香农等人早期的关于计算机如何像大脑一样思考和工作的研究，给后世人工智能的出现和发展开创了先河。他们在各自领域研究机器智能并各有建树，最终让"电子大脑"成为可能。

三、 早期的 AI 程序

20世纪50年代出现了许多早期的AI程序。我们重点认识一下一个名为"博弈论"的领域。

早在1947年，图灵编写了第一个下棋程序。几乎和图灵同时，冯·诺依曼也在研究计算机下棋，他和经济学家奥斯卡·摩根斯坦（Oskar Morgenstern）合作的著述《博弈论和经济行为》于1944年出版。该书被认为是经济学中博弈论研究的开山之作，正式奠定了现代博弈论的基础。

博弈论对人工智能有多重要呢？从已知的事实看，2016年AlphaGo战胜李世石[1]，2017战胜柯洁[2]，这与博弈论的策梅洛定理（Zermelo theorem of game theory）密不可分；2017年初，Libratus[3]在单挑无限注德州扑克（heads-up no-limit hold'em）人机对战中完胜人类选手，靠的

1　韩国著名围棋职业九段棋手。
2　中国围棋职业九段棋手。
3　卡耐基梅隆大学计算机系在读博士生诺姆·布朗（Noam Brown）和计算机系教授图奥马斯·桑德赫尔（Tuomas Sandholm）联合研发。

也是非对称信息博弈。当看到这段话的时候，并不要求你对所提及以及即将出现的博弈论专业名词有多么了解，只需要知道博弈论有着举足轻重的作用就可以了。

如果你能坚持看完奥斯卡最佳影片《美丽心灵》，那么一定对男主角印象深刻。事实上，这部电影的主角确有其人，他的名字是约翰·纳什（John F. Nash）。纳什1950年的博士毕业论文"非合作博弈"（non-cooperative games）提出了一个重要概念，就是助其44年后取得诺贝尔经济学奖的"纳什均衡"[1]。他同年发表于《美国国家科学院院刊》（Proceedings of the National Academy of Sciences of the United States of America，简称PNAS）的著作Equilibrium Points in n-Person Games只引用了两条文献，其一就是《博弈论和经济行为》。

《美丽心灵》剧照

冯·诺依曼和摩根斯坦的著作《博弈论和经济行为》对纳什的影响是巨大的，它首先提出了二人博弈的Minimax算法。Minimax算法能保证在非常一般的情况下，二人零和博弈总是存在"最小最大均衡"。而纳什推广了Minimax原理，在非合作博弈领域找到了普遍化的方法和均衡点。

纳什一生著作主要集中在这两年，但其研究成果是开创性的，奠定了现代非合作博弈论的基石。也因此，业界常对博弈论源自冯·诺依曼还是纳什尚有争议。

其实具有博弈性质的问题可以追溯到更早，例如，1838年古诺（Cournot）模型应该是纳什均衡应用的最早版本；中国2 000多年前的"田忌赛马"[2]致胜策略是寻找混合纳什均衡（见表4-1）;《三国演义》诸葛亮设空城计[3]利用的是信息不对称博弈（见表4-2）；相反地，曹操在华容道的博弈[4]则是一个完全信息博弈（见表4-3）。对博弈论感兴趣的读者可以深入思考和了解一下。博弈论的历史和人工智能的历史一样，可以追溯，但非要究其"创始人"，寻其"源头"，那就不是三言两语可以解释清楚的了。

1　纳什均衡（Nash equilibrium），又称为非合作博弈均衡，是博弈论的一个重要术语。

2　田忌赛马出自《史记》卷六十五：《孙子吴起列传第五》。田忌常与齐国众公子赛马，齐国马分上、中、下三等，孙膑借此想出策略，让田忌以下等马对战对方上等马，而以上、中等马分别对战对方中、下等马。田忌因此轻松取胜，随后引荐孙膑给齐王。

3　空城计出自《三国演义》，是一种巧妙利用敌军疑心的心理战。蜀国军师诸葛亮守西城，魏将司马懿携大军来袭，诸葛亮无兵马迎敌，却大开城门，抚琴静候。司马懿见状怀疑内部有埋伏，于是退兵。信息不对称指的是在游戏中不同玩家对信息的了解是有差异的，掌握信息比较充分的玩家往往处于有利的地位。比如这一例中的诸葛亮，他清楚知道自己所守城池的实际兵力，而司马懿并不知道这是一座空城。表4-2中列出的是在信息不对称情况下玩家分别采取的行动以及可能导致的后果，目的是帮助你了解概念，并不要求你现在完全掌握如何解这类问题。事实上在这个例子中，如果诸葛亮选择弃城，司马懿是不会存在"后退"这种举措的。

4　华容道出自《三国演义》。魏主曹操在赤壁之战中大败，蜀国军师诸葛亮神机妙算，知道曹操会从小路逃跑，果然连续3次命中曹操逃跑路线。曹操被蜀将关羽围困在华容道时，关羽感激曹操放他一马。在完全信息博弈中，每一位参与者都拥有所有其他参与者特征、策略及得益函数等方面的准确信息。诸葛亮和曹操都知道当前局势，也能知道对方如果采取什么样的措施会导致什么样的结果。诸葛亮就是利用这一点猜测曹操的逃跑路线并设伏，曹操也是利用这一点选择路线，只是诸葛亮智谋更胜一筹。

表4-1 田忌赛马博弈

齐威王\田忌	上中下	上下中	中上下	中下上	下上中	下中上
上中下	3，－3	1，－1	1，－1	1，－1	－1，1	1，－1
上下中	1，－1	3，－3	1，－1	1，－1	1，－1	－1，1
中上下	1，－1	－1，1	3，－3	1，－1	1，－1	1，－1
中下上	－1，1	1，－1	1，－1	3，－3	1，－1	1，－1
下上中	1，－1	1，－1	1，－1	－1，1	3，－3	1，－1
下中上	1，－1	1，－1	－1，1	1，－1	1，－1	3，－3

表4-2 《三国演义》空城计博弈

孔明\司马懿	进 攻	后 退
守 城	（被擒，胜）	（逃脱，不胜不败）
弃 城	（被擒，胜）	（逃脱，不胜不败）

表4-3 《三国演义》华容道博弈

诸葛亮\曹操	华容道	大 路
华容道	（捉住曹操，被抓）	（白等，逃脱）
大 路	（白等，逃脱）	（捉住曹操，被抓）

计算机下棋一直是人工智能发展水平的度量之一。香农1950年在《哲学杂志》发表的《计算机下棋程序》（Programming a Computer for Playing Chess）一文，最早提出用计算机写国际象棋程序的设想，正式开启了计算机下棋的理论研究。1951年，图灵的朋友斯特拉切（克里斯托弗·斯特拉切，Christopher Strachey）在曼彻斯特Mark-1上写了第一款西洋跳棋（checkers）程序，图灵在1952年曾与之对弈一局。当时计算机下棋的水平还没有如今这么高，所以图灵轻松取胜。同年，图灵的同事普林茨（迪特里希·普林茨，Dietrich Prinz）写了一个国际象棋程序。

除了博弈论和计算机下棋，早期还有很多有趣的AI研究。

1953—1954年，国际商业机器公司（International Business Machines Corporation，简称IBM）资助美国乔治敦大学（Georgetown University）进行有史以来的第一次机器翻译。该项实验成功将60句俄文自动翻译成英文，被视为机器翻译可行的开端。

在那时，人工智能已经以各种形式渗透到各个学科领域和生活中了。这也从另一个角度证明了，达特茅斯会议更多是使得"人工智能"这个词开始流行，而不是人工智能研究的起点。

  1956 年，IBM 的塞缪尔（亚瑟·塞缪尔，Arthur Samuel）写了第二个跳棋程序，这款程序的特点是自主学习，这也是最早的机器学习程序之一。在其之后开发的国际象棋程序的棋力，已经可以挑战具有相当水平的业余爱好者。

第五章 达特茅斯会议

> 每当夜晚你仰望星空的时候，就会像是看到所有的星星都在微笑一般。
>
> 每一个人都有自己的星星，但其中的含义却因人而异。
>
> ——安东尼·德·圣埃克苏佩里《小王子》

在今天看来，达特茅斯会议可谓是群星荟萃。殊不知，在当时，这只是个不起眼的小会。时至今日，多位因故未能与会的大师们仍扼腕不已。1956年8月，来自多个常春藤院校的大牛们，在美国汉诺斯小镇的达特茅斯学院中，就机器模仿人类智能的话题，展开了长达两个月的研究，并给这次会议的讨论内容起了个名字——人工智能。自此，人工智能正式走上历史舞台。

达特茅斯会议七侠

群星璀璨

出席会议的名人无法一一罗列，这里仅能介绍其中的6位，但读者一定要知道，这场达特茅斯会议意义非凡，可以说是空前绝后的。

说起"人工智能"，不得不提到这场会议的召开者麦卡锡。1955年夏天，麦卡锡在IBM打工。纳撒尼尔·罗切斯特（Nathaniel Rochester）是IBM的首席工程师。麦卡锡向罗切斯特和克劳德·香农提出想举办一个会议，讨论智能机器的问题。他们联合起草了项目建议书。在建议书中，麦卡锡首次使用"人工智能"这个词。在罗切斯特和香农这两位资深科学家的支持下，他们获得洛克菲勒基金会（Rockefeller Foundation）赞助，决定于次年在达特茅斯举办一次活动，就是后来的达特茅斯会议。

"人工智能"一词的来源

　　人们大多认为"人工智能"这个词出自麦卡锡，据麦卡锡本人自述这是一个误解。麦卡锡在晚年回忆时承认这个词是从别处听来，但记不得是谁了。麦卡锡于2011年过世，"人工智能"一词的来源恐怕再也无从考证了。

约翰·麦卡锡

　　在达特茅斯会议上，对于"人工智能"一词，大家并没有达成普遍的共识。当时，受图灵1936年论文的影响，英国人最早的说法是"机器智能（Machine Intelligence）"。另外两位科学家纽厄尔（艾伦·纽厄尔，Allen Newell）和司马贺（赫伯特·西蒙，Herbert Simon）则主张"复杂信息处理（Information Processing Language）"，以至于他们发明的语言就叫IPL。最终，麦卡锡说服与会者接受"人工智能"一词作为统一的名称。

大牛们的关系网（一）

　　麦卡锡是约翰·克米尼（John Kemeny）从普林斯顿大学（Princeton University）挖来达特茅斯学院任教的。克米尼因为在1964年与托马斯·卡茨（Thomas E. Kurtz）共同发明BASIC（Beginner's All-purpose Symbolic Instruction Code的缩写）程序语言而知名。麦卡锡一生主要贡献之一是发明了程序设计语言LISP（List Processing的缩写）。由此看来，BASIC语言发明人曾是LISP语言发明人的老板。

　　达特茅斯会议前后时期，麦卡锡的主要研究方向是计算机下棋，著名的 $\alpha-\beta$ 搜索算法就是麦卡锡发明的。麦卡锡在会议上提出这一算法理念，成为会议的一大亮点。

马文·明斯基

　　另一位会议的组织者是马文·明斯基（Marvin Lee Minsky）。明斯基在哈佛大学读本科期间，曾开发了早期的电子学习网络。1951年，他参与建造第一台神经网络机，命名为SNARC，这是人工智能领域的首批尝试之一，在达特茅斯会议上也备受瞩目。明斯基的博士论文是关于神经网络的，但他后来的著作对神经网络的发展造成过不小的打击。

 **延伸阅读**

大牛们的关系网（二）

　　明斯基虽然是麦卡锡的同龄人，但论辈分，他得管麦卡锡叫师叔。明斯基的老师塔克（阿尔伯特·塔克，Albert Tucker）和麦卡锡都师从于莱夫谢茨（所罗门·莱夫谢茨，Solomon Lefschetz）。塔克的另一名弟子就是《美丽心灵》的约翰·纳什，纳什比明斯基小一岁却比他更早拿到博士学位，明斯基还得管纳什叫师兄。

 延伸阅读

人工智能和神经网络的关系

　　人工智能和神经网络可以视作是包含关系。神经网络是机器学习的一个分支，机器学习是人工智能的一个分支。神经网络作为一个古老的学科一直伴随着人工智能的起伏而涨落。人工智能在20世纪50年代初现苗头，机器学习在20世纪80年代左右兴起，而神经网络虽然一直持续发展，但直到21世纪初才被大众广泛关注。

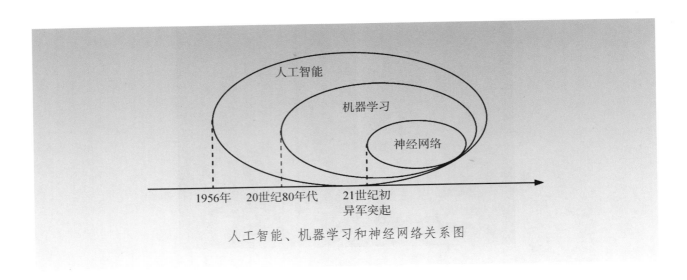

人工智能、机器学习和神经网络关系图

1957年，康奈尔大学的罗森布拉特（弗兰克·罗森布拉特，Frank Rosenblatt）模拟出一种名为"感知机"的神经网络模型。明斯基在1969年和麻省理工学院的西蒙·派珀特（Simon Papert）合作出版了《感知机：计算几何学》（Perceptrons: An Introduction to Computational Geometry），书中对感知机进行了严厉的批判。明斯基提出批判有两大理由：一是"感知机"连XOR（异或）这样基本的逻辑问题都解决不了；二是当时的计算机缺乏足够的算力，不能满足大型神经网络长时间运行的需求。

有人说，明斯基攻击神经网络的原因之一是和罗森布拉特的私仇，因为书中含有不少对罗森布拉特个人攻击的句子。不论如何，明斯基和神经网络缘分尽了。由于被明斯基这样的权威人士唱衰，神经网络经历了一个低潮。即便神经网络得势后还有不少人讨伐明斯基。尽管如此，不能否定明斯基早期是对人工智能做出贡献的。

明斯基2007年出版了《情感机器》一书，到那时他仍旧不看好神经网络和深度学习技术。他的学生雷·库兹韦尔[1]（Ray Kurzwell）是提出"奇点"理论的知名未来学家。2012年，明斯基接受库兹韦尔的采访时说，他相信"奇点"会到来。为此，2016年明斯基去世时把自己冷冻了，以等待奇点来临。似乎冥冥之中有天定，库兹韦尔于2013年出任Google Brain项目负责人。在谷歌强大的神经网络基础上，库兹韦尔可以完成老师在神经网络领域未竟的事业。

信息论的创始人香农也被麦卡锡请来参加会议。二战期间，香农和图灵都为战时密码研究做出很大贡献，两人多次会晤。不过由于保密协定，交谈的话题反而是人工智能。1943年图灵被派往华盛顿，和美国海军交流破译德国北大西洋潜艇舰队密码的成果。在此期间，图灵向香农介绍他的"通用图灵机"，发现他们的许多想法不谋而合。战时香农在贝尔实验室研究密码理论期间，还用到了他后来发明的信息论。他到1950年才得知，图灵在战时也已经用到了信息论中的"熵"。

1　雷·库兹韦尔：毕业于麻省理工大学计算机专业，谷歌技术总监，曾获得9项名誉博士学位和2次总统荣誉奖。

克劳德·香农

前文提到过，"熵"这一革命性的概念首次出现是在1948年香农划时代的论文《通信的数学原理》中。熵（也叫信息熵、香农熵）的出现，使得信息可以量化，可以编码。次年，他和维纳（Warren Weaver）合著《通信的数学理论》，就包括了这篇论文。在这本著述的第1页，"比特"这个术语被第一次正式使用。可以说，是香农带领着人们走进了"数字信息"时代。他的信息论对人工智能影响深远，是研究深度学习的重要理论依据。

除了学术研究，香农的爱好非常广泛。1950年，香农在《哲学杂志》发表过一篇谈论"教会"计算机下棋的文章，奠定了现代计算机下棋的基础。后来在1956年，他在MANIAC计算机上实现了一个国际象棋的下棋程序。除此之外，香农还有很多好玩的发明。据说，为了挑战拉斯维加斯，他和爱德华·索普发明了史上第一个佩戴式计算机，用于轮盘赌出千。他甚至还出了一部著作《战胜庄家》解析21点最佳策略。拉斯维加斯大概要庆幸香农及时"金盆洗手"吧。

与会的奥利弗·塞尔弗里奇（Oliver Selfridge）是模式识别的奠基人。塞尔弗里奇虽出生于伦敦，却是在麻省理工学院完成了他最重要的工作。1949年，在麻省理工学院期间，塞尔弗里奇作为维纳的研究生，是《控制论》的早期评论家。1955年，塞尔弗里奇参加了美国西部计算机联合大会（Western Joint Computer Conference），这次会议影响了次年的达特茅斯会议。塞尔弗里奇1959年发表的《Pandemonium：A paradigm for learning》提出首个字符识别程序，

奥利弗·塞尔弗里奇

该论文被誉为是人工智能的经典之作。立克里德（J. C. R. Licklider）和罗伯特·泰勒（Robert Taylor）还在他们1968年的论文里引入了一个名为"OLIVER"的概念，以纪念塞尔弗里奇。

比起前面几位名人，塞尔弗里奇的生平就相对平淡无奇了。抛开专业领域成就不谈，塞尔弗里奇为世人津津乐道的是他的爷爷哈利·戈登·塞尔弗里奇（Harry Gordon Selfridge）的传奇故事。老哈利正是英国第二大百货商店塞尔弗里奇百货商店的始祖，英国专门拍过一部40集电视剧《塞尔弗里奇先生》讲述这个传奇人物的一生。

达特茅斯会议上，最让人眼前一亮的当属纽厄尔和司马贺开发的软件"逻辑理论家"（Logistic Theorist）。无独有偶，纽厄尔也参加了1955年的西部计算机联合大会。与塞尔弗里奇不同，纽厄尔探讨了计算机下棋。纽厄尔和司马贺代表了人工智能的另一条路线——符号派。司马贺在卡耐基理工学院做系主任任期间，在兰德公司学术休假时认识了纽厄尔，力邀其到卡耐基理工学院任教。

司马贺和纽厄尔

　　司马贺名义上是纽厄尔的老师，但他和纽厄尔的合作是平等的。他们合作的文章署名都是按字母顺序，纽在前司马在后。司马贺每次见到别人把他名字放到纽厄尔之前时都会进行纠正。

纽厄尔和司马贺

　　"逻辑理论家"是当时唯一可以工作的人工智能软件，由纽厄尔、司马贺和肖（Newell，Simon，Shaw三人简称NSS）共同开发。在大会上，他们声称"逻辑理论家"可以进行非数值思考，模拟人证明符号逻辑定理的思维活动。可能是怕纽厄尔和司马贺在会议上抢了风头，明斯基在总结大会上对"逻辑理论家"只是轻描淡写，但后来接受采访时还是承认了它的先进性和重要性。达特茅斯会议之后不久，这个程序就能够证明罗素和怀特海的《数学原理》前52个定理中的38个。

在这款著名的定理证明程序之后，NSS又做了下棋程序。麦卡锡首先提出用 α-β 剪枝技术以控制博弈树的增长，他们三人则实现了 α-β 剪枝技术。

1957年，纽厄尔和司马贺合作开发了IPL语言（Information Processing Language）。在AI历史上，这是最早的一种AI程序设计语言。麦卡锡多年后回忆说，IPL语言对自己发明LISP有很深的影响。司马贺等人最初希望使用IPL来代替"人工智能"这个术语，几经波折，才逐渐接受"人工智能"这个说法。他晚年还撰写著作《人工的科学》，把"人工"一词又放大了。

出席达特茅斯会议的这几个科学家，除了香农，在当时都没有什么名气。这场历时两个月的会议其实也并没有什么新的突破。然而会议汇聚了当时世界上最聪明的头脑，上演了一场现实版的"神仙打架"，当今人工智能领域的主要人物悉数登场，并纷纷在会后崭露头角。随后的20年，人工智能领域基本上是这些人和他们的学生的天下。

关于"人工智能之父"究竟是谁，众说纷纭。有的说是图灵，因为他的"图灵机"设想为计算机开创了理论先河；有的说是维纳和香农，他们的研究为人工智能的出现奠定了基调；有的说是达特茅斯会议召开者和组织者麦卡锡和明斯基；有的认为司马贺等人也功不可没……问题的答案本身意义不大。每位参与达特茅斯会议的科学家，以及推进该学科发展的学者们，他们对人工智能进步的贡献是毋庸置疑的。承认他们的成就会使得我们的社会更加先进、更加美好，并且秉持他们的科研精神继续砥砺前行，这才是问题背后的深刻内涵和本质意义。

思考与实践

2.3 请问你能理解为什么"感知机"无法解决 XOR（异或）问题么？尝试画一画，理解为什么不能解决 XOR 问题对神经网络的发展是一个巨大的打击。

提示：感知机可以视为是线性分类器。

2.4 神经网络在今天蓬勃发展，必然是解决了 XOR 问题，在下文中我们会见证神经网络如何解决 XOR 问题。但是亲爱的读者，你能否开动脑筋想想，XOR 问题是怎么解决的呢？

第六章　推理期

不是吓你或者唬你……但是我们最简洁的说法就是，现在世界上有了会思考、会学习、会创造的机器。而且，他们的处理能力将会快速增长。直到有一天，就在可见的未来，他们可以处理的问题范围和人类理性应用的范围一样宽广。

——诺贝尔经济学奖获得者司马贺

达特茅斯会议被视为是人工智能诞生的标志，很大一部分原因是在此之前，人们普遍认为计算机只是能高速进行数值计算的机器。而会议之后，人工智能迎来了它的春天。1956—1974年被认为是人工智能发展的第一个黄金时期。在此时期，科学家们还处于探索和推理阶段，涌现出许多人工智能领域的卓越成果，导致人们对人工智能的发展表达出相当乐观的情绪。

如果将每出现一项成果视作是点亮了夜空中的一颗星，那么自此之后，我们将会看到整片天空星河耿耿。

一、　璨若星河

推理期的早期阶段，涌现了大批成功的AI程序和研究理论。这些成果推动了数理逻辑、生物科学、博弈论等领域的发展。

首先，人类保持了对计算机进行策略游戏的研究热情，包括下棋游戏。IBM的亚瑟·塞缪尔参加了达特茅斯会议。1949年开始，他一直钻研用机器学习方法使计算机"学会"下跳棋。1956年2月24日，他的"跳棋"节目在电视上向公众演示，表示该程序能够击败跳棋新手。

弗兰克·罗森布拉特

同为IBM员工的亚历克斯·伯恩斯坦（Alex Bernstein）领导的队伍则专注于国际象棋，在1957年实现功能齐全的国际象棋程序。彼时伯恩斯坦的程序并不会"学习"，但是可以战胜国际象棋的新手们。在计算机下棋中考虑到棋盘巨大的搜索空间[1]，为了和复杂性做斗争，早期的人工智能学家们开发了很多搜索算法，这为后期人工智能搜索的发展打下了坚实的基础。

另外，在神经网络领域，康奈尔大学心理实验学家罗森布拉特于1957年提出了"感知机"，可以完成一些简单的视觉处理任务。"感知机"的出现引起人工智能界的轰动，然而却

1　指一系列状态的汇集，因此也称为状态空间。通俗讲就是在哪里搜索。

被明斯基批判不能解决基础的异或问题，这几乎给神经网络判了"死刑"，使之又跃入低谷。直到1974年，哈佛大学的一篇博士论文证明在神经网络上多加一层，并且利用"后向传播"（back-propagation）学习方法，可以解决这个问题，这是后话。

1958年，华裔美籍数理逻辑专家王浩在IBM-704上只用9分钟，证明了《数学原理》一阶逻辑的150条定理中的120条；1959年夏天，改进版本证明了全部150条一阶逻辑和200条命题逻辑定理。王浩至今仍被认为是华人在数理逻辑和人工智能方面成就最大的人。

此外，出席了达特茅斯会议的黄金搭档纽厄尔和司马贺继续他们的合作，发明了通用问题解决程序（General Problem Solver，简称GPS）。GPS的真正应用不如它的设定——所有一般性问题的解决器——来得好，但是可以解决"明确定义"的问题，诸如逻辑或几何定理证明、字谜和下棋等，并且GPS也是纽厄尔等人其他理论研究的基础。

另一对黄金搭档麦卡锡和明斯基也不甘示弱。麦卡锡于1958年来到MIT，帮助创立了MIT的MAC项目。他和明斯基在麻省理工学院继续他们的合作，共同创建了世界上第一个人工智能实验室。

麻省理工学院计算机科学与人工智能实验室（CSAIL）[1]

值得一提的是，LISP（List Processor）以及操作系统"分时"的概念等重要成果就是麦卡锡在MIT期间完成的。1958年LISP编程语言的出现使得计算机能够自动进行一些操作。麦卡锡之后又跳槽到斯坦福大学。1962年前后，麦卡锡协助建立了斯坦福人工智能实验室。

1966年约瑟夫·维森鲍姆（Joseph Weizenbaum）创造了第一个聊天机器人ELIZA。ELIZA

1　位于 Stata 中心，整体建筑非常有设计感。

发布时的"智能"，已经颇有现代小冰等聊天机器人的雏形了。

明斯基的学生特里·维诺格拉德（Terry Winograd）在博士研究期间开发了知名的 SHRDLU。当时自然语言理解正在起步，维诺格拉德为了让机器"理解"，创造了"积木世界"。

……

如果把达特茅斯会议之后20年左右时光比作一片夜幕的话，那么这片夜空无疑是缀满繁星的。那些伟人和伟大的发明，在人工智能宇宙广袤无垠的星系里各自闪烁着光芒。那些星星同样耀眼，同样瞩目，我们在下一小节仅举其一。

二、ELIZA：夜空中最亮的星之一

ELIZA："有什么事困扰着你吗？"

你："男人都是一样的。"

ELIZA："你认为他们之间有什么联系呢？"

你："他们总是为这样或那样的事烦扰我们。"

ELIZA："你能举个例子吗？"

你："好吧，比如说我男朋友让我来这儿。"

ELIZA："对你来说你男朋友让你来这儿很重要吗？"

你："他说我大多数时间都很抑郁。"

ELIZA："我很抱歉听到关于你很抑郁的事。"

你："是的，我确实不开心。"

ELIZA："你可以解释你为什么不开心么？"

```
Welcome to

          EEEEEE  LL      IIII  ZZZZZZZ   AAAAA
          EE      LL       II        ZZ  AA  AA
          EEEEE   LL       II       ZZZ  AAAAAAA
          EE      LL       II      ZZ    AA  AA
          EEEEEE  LLLLLL  IIII  ZZZZZZZ  AA  AA


Eliza is a mock Rogerian psychotherapist.
The original program was described by Joseph Weizenbaum in 1966.
This implementation by Norbert Landsteiner 2005.

ELIZA: Is something troubling you ?
YOU:   Men are all alike.
ELIZA: What is the connection, do you suppose ?
YOU:   They're always bugging us about something or other.
ELIZA: Can you think of a specific example ?
YOU:   Well, my boyfriend made me come here.
ELIZA: Is it important to you that your boyfriend made you come here ?
YOU:   He says I'm depressed much of the time.
ELIZA: I am sorry to hear that you are depressed.
YOU:   It's true. I am unhappy.
ELIZA: Can you explain what made you unhappy ?
YOU:   █
```

一段和ELIZA的对话

ELIZA是第一个被公众熟知的英语聊天机器人。约瑟夫·维森鲍姆受图灵测试的启发，于1964—1966年在麻省理工学院人工智能实验室创建了ELIZA。ELIZA根据人工设定的脚本执行，模仿心理治疗师与人类交流。最著名的脚本名为DOCTOR，能够模仿罗杰斯学派的心理医生和病人交谈。

ELIZA名字的由来

ELIZA这个名字源自萧伯纳剧本《卖花女》（Pygmalion），因为女主ELIZA讲一口英文方言——似乎许多外国人对英音都有某种奇特的迷恋。

ELIZA是一款聊天型机器人，就是说你无法希冀从它那里取得任何肯定性的答案。比起一个聊天者，ELIZA的功能使得它更像一个倾听者。人类觉得它像人，是因为ELIZA用较为和善的方式代替了"好""是的""哦"等话语。例如当用户提到带有负面情绪的词语（"沮丧"、"难过"等）的时候，ELIZA会说："很遗憾听到你很……"或者询问："怎么了？是什么导致了你不开心？"当用户话语中出现"所有"的时候，ELIZA就追问"以何种方式"；当用户说"总是"，ELIZA不能判断用户想表示的是赞许还是抱怨，就说："你能举个例子吗？"

总体而言，ELIZA的作用有点类似保罗的《答案之书》，或者当下很火的"答案奶茶"。《答案之书》的推广语是"当你的生活中出现了不能解决的问题时，随便打开一页，这本书会给你答案"。你心里默默询问一个问题，然后翻开书的某一页，翻到的那一页刚好是你这个问题的答案。例如问"我往后的生活会变好吗"，翻到的答案可能是"当然"。也有啼笑皆非的情况出现，比如你问，"我什么时候才能脱单呢？"翻到的答案也许是"轮回"。

发现没有，这类答案像极了心灵鸡汤，对很多问题的回答似乎都没有语病。从技巧上来说，ELIZA就是希望能像鸡汤警句一样，实现像人类一样自然平和的沟通。并且ELIZA的回答比《答案之书》更为高明。因为《答案之书》要考虑几乎世界上所有问题，而ELIZA只要针对用户的这句话来反馈就好了。

左：保罗《答案之书》，右：答案奶茶

这一点究竟是如何做到的呢？其实很简单。ELIZA只要识别出用户话里的关键词，然后运用正则表达式类似的语法匹配一下话语和语料库中的规则，就能找到预先设定的回答。比如和插图相关的几条规则是这样的：

```
you are ( depressed|sad ) * => I AM SORRY TO HEAR YOU ARE \1
all * => IN WHAT WAY
always * => CAN YOU THINK OF A SPECIFIC EXAMPLE
```

就能让谈话继续进行下去。

用户说"*Perhaps I could learn to get along with my mother.*（也许我能学会和我妈妈相处。）"ELIZA会回答"*Tell me more about your family.*（说说你的家庭。）"其实只是因为ELIZA识别到了"*mother*（妈妈）"这个词语，然后找到相关的含有"*mother*"这个词的规则，这个规则可能是

```
* mother => TELL ME MORE ABOUT YOUR FAMILY
```

然后返回规则导出的右边的回答。

有时候ELIZA只是用符合语法的方式将问题重复一遍。例如：

ELIZA: WHO ELSE IN YOUR FAMILY TAKE CARE OF YOU?（你们家还有人照顾你吗？）
YOU: MY FATHER.（我爸爸。）
ELIZA: YOUR FATHER?（你爸爸？）

ELIZA的机理虽然很简单，然而它取得的效果却异乎寻常的好。ELIZA的虚实难辨使得不少人信以为真，甚至寄托了许多感情在这聊天机器人上。维森鲍姆的秘书每次在电脑终端上和ELIZA聊天时都要让旁人离开，以免因流露真情实感而难为情。

 **延伸阅读**

ELIZA引发的轶事

波士顿计算机顾问机构BBN（Bolt Berenek and Newman）的副总在和ELIZA聊了一会儿后，临走时说了一句"给我打个电话，号码是xxx-xxxx"。但是终端没有回复，把这位副总气得够呛。其实是因为机器没有识别到他这句话末尾的句号，一直在等他把话说完。这也提醒我们在和计算机打交道的时候一定要注意严谨，毕竟machine is always right（机器永远是对的）。

在这之后出现了一个新词"ELIZA效应"，指人类高估机器人能力的一种心理感觉。这也许是人类需要反思的——一个机器人的简单机制竟然表现得比很多人类聊天时更具同理心和同情心。

不管怎么说，ELIZA的真实原理反而让我们放心——它还只是个会执行程序的机器而已，还在弱人工智能[1]的范畴。它的知识范围很有限，只能和特定领域的人聊天。而且它并不能真正地理解语义，也不知道自己的回答具有什么意义，只是通过模式匹配和搜索作答而已。这里的ELIZA只是自然语言处理领域的一个应用。

与ELIZA模仿"医生"不同的是，另一款由肯尼斯·科尔比（Kenneth Colby）于1972年开发的聊天机器人Parry能够模仿"病人"。它仍然是基于规则的，原理和ELIZA很像。此外，聊天机器人的发展出现了很多形式，现在流行的Apple的Siri、微软的小娜和小冰等，其实并没有和ELIZA相差多少，不过由于知识库的扩充，现代聊天机器人在智商（IQ）和情商（EQ）方面都有了显著的提升。

三、 过于乐观的预言

人工智能在各个领域迅猛的发展，使得人们不得不接受机器可以如此"智能"的事实。从事人工智能的研究者们也似乎有点恃宠而骄了，尤其是开天辟地的那一群老前辈，他们对人工智能未来的可能性做出了许多预言，引发了一场对人工智能未来的乐观思潮。

1957年，纽厄尔和司马贺预言"十年之内，数字计算机将成为国际象棋世界冠军"，"十年之内，数字计算机将发现并证明一个重要的数学定理"。结果如何？我们都知道1967年的国际象棋世界冠军仍旧掌握在人类手里。伯克利的欧陆派哲学家，也是闻名遐迩的反AI者——休伯特·德雷弗斯（Hubert Dreyfus）在1965年发表了文章《炼金术与人工智能》，攻击纽厄尔和司马贺。纽厄尔和司马贺的预言成了德雷弗斯的把柄，每次计算机下棋程序研究稍有进展，德雷弗斯都会跳出来嘲讽计算机还是没能战胜人。

司马贺不甘心，1965年，他再次预言："二十年内，机器将能完成人能做到的一切工作。"结果往后的20年时光，也只是为德雷弗斯徒添笑资而已。

这一时期对人工智能的乐观预言在电影里也有体现。1968年，亚瑟·克拉克（Arthur Clarke）和斯坦利·库布里

休伯特·德雷弗斯

1　和强人工智能相对，是指不能制造出真正地推理（Reasoning）和解决问题（Problem solving）的智能机器，这些机器只不过看起来像是智能的，但是并不真正拥有智能，也不会有自主意识。现在世界出现的人工智能产品都是弱人工智能。强人工智能被认为是有知觉的，有自我意识的；可以独立思考问题并制定解决问题的最优方案，有自己的价值观和世界观体系；有和生物一样的各种本能，比如生存和安全需求。强人工智能在某种意义上可以看作一种新的文明。

克（Stanley kubrick）拍摄了《太空漫游2001》。影片讲述21世纪初三个宇航员和一台名为"HAL9000"的高级智能电脑在太空发生的故事。在克拉克和库布里克的"预言"中，HAL9000是个具备人类思维能力的智能体。如果说具有磁性嗓音和会读唇语还是语音和面部识别范围内的事，那么"他"不动声色地违背机器人三大定律而杀人，在感受到仅存的宇航员戴夫（Dave）的愤怒时近乎在哀求，在将死时对戴夫进行诱惑等现象无不表明，HAL是个具备人类思考能力的强人工智能产品。

第一定律：机器人不得伤害人类个体，或者目睹人类
个体将遭受危险而袖手不管。

第二定律：机器人必须服从人给予它的命令，当该命令与第一定律冲突时例外。

第三定律：机器人在不违反第一、第二定律的情况下
要尽可能保护自己的生存。

机器人三大定律，由科幻小说家艾萨克·阿西莫夫（Isaac Asimov）提出

电影《太空漫游2001》剧照[1]

他们的预言显然是失败了——2001年没有发生电影中的场景，甚至所谓强人工智能至今都没有出现。这样回头看人工智能之父明斯基在电影的新闻发布会上大放厥词，说30年内机器智能可以和人有的一拼，就有些可笑了。

1968年，也许是寄望于计算机下棋的长足进展，麦卡锡和国际象棋大师列维（大卫·列维，David Levy）打赌，说十年内计算机下棋能战胜他。故事的结局是麦卡锡输给列维2000块钱。计算机下棋真正战胜人类是在1997年，IBM的"深蓝"击败了俄罗斯国际象棋特级大师卡斯帕罗夫（加里·基莫维奇·卡斯帕罗夫）。

 **延伸阅读**

卡斯帕罗夫与计算机下棋的不解之缘

有趣的是，1995年卡斯帕罗夫还在批评计算机下棋缺乏悟性，但1996年他已经意识到"深蓝"貌似有悟性了，而两年间"深蓝"的计算能力只不过提高了一倍而已。最终在1997年与"深蓝"赛后，卡斯帕罗夫表示"我要声明，我的失败与科技无关，因为电脑的表现完全没有机械的惯性，我不相信有这样优越的电脑"并提出再赛。然而IBM狡猾地拒绝了卡斯帕罗夫，并迅速将深蓝拆卸，使得卡斯帕罗夫无法复仇。

1976年，卡内基梅隆大学的瑞迪（拉杰·瑞迪，Raj Reddy）教授大胆预言十年内，可以用两万美元造一台语音识别系统，实际上这花了差不多35年时间。

1989年明斯基又预言20年内可以解决自然语言处理。

---

1 戴夫决定关闭HAL，HAL对戴夫请求和诱惑。

......

　　直到现在仍旧预言频出，最出名的未来学者库兹韦尔预言"奇点"的到来，这个预言是否"过于乐观"，对尚未发生的未来我们无从得知。只能说人工智能的未来实在太广阔，给人以太多希望去探索和开拓。

　　面对人工智能热潮，美国国防高级研究计划局（Defense Advanced Research Projects Agency，简称DARPA）等机构给予了大力支持，投入大笔资金。但人们随即发现人工智能的发展不如想象中的好。过高的期望带来的是惨烈的失望，人工智能步入了第一次寒冬。

思考与实践

2.5 观看《太空漫游 2001》。

第七章 第一次AI之冬

要让电脑如成人般下棋是相对容易的，但是要让电脑有如一岁小孩般感知和行动，却是相当困难甚至是不可能的。

——莫拉维克悖论

《权力的游戏》截图

　　人工智能迎来第一次寒冬有许多原因，主要原因是大部分人工智能研究难以落地，研究者们对自己课题的难度过分乐观了，当时提出的很多海市蜃楼般的设想至今都无法实现。

　　当投资者反应过来，看到人工智能研究工作很大一部分是空中楼阁之后，理所当然地认为人工智能研究只讲理论不讲工程，投资机构在经历了巨大的资金消耗和漫长的等待之后，相继抽身。例如，1954年开启的乔治敦实验机器翻译，在开始十年得到政府与企业相继投入的资金，却在1966年ALPAC（Automatic Language Processing Advisory Committee）提出一项报告之后大为缩减资金，该篇报告指出机器翻译研究十年进展缓慢、未达预期。

　　1973年，詹姆斯·莱特希尔爵士（James Lighthill）给英国科学研究委员会做的报告，成为压垮投资方信念的最后一根稻草，正式宣告第一次AI寒冬的到来。

　　当时，人工智能研究很多都是希望扩大规模来解决现实世界的复杂问题。然而20世纪60年代主流的复杂推理建模，例如决策树等，很容易遇到组合爆炸[1]的问题。詹姆斯在报告中质疑人工智能处理复杂问题的可能性。他用详尽的数据和调查结果，不留情面地批评了人工智能的发展状况，并且断言"人工智能研究没有带来任何重要影响"。詹姆斯爵士的批评直接在

1　指随着优化问题规模的不断增大，决策变量取值的不同组合量、可行解数量以及寻找最优解时需要考虑的组合量也会迅速大幅度增加，且往往是以指数形式增加，最终导致无法从中找到最优解。

詹姆斯·莱特希尔

人工智能遭受质疑

英国的人工智能热潮上泼了一盆凉水，英国政府停止对人工智能研究的所有支持。与此同时，美国受到国会的压力也停止了对没有明确目标的人工智能研究项目的拨款。到1974年，人工智能的项目基本上很难再得到资助了。

客观上，詹姆斯的质疑不是没有道理可循的。人工智能程序大都要求十分巨大的计算能力，不论是从处理器时间还是存储器空间的要求来看，当时的条件都无法满足。这阻碍了许多需要强大算力的人工智能研究，诸如自然语言处理等。虽然1973年麻省理工开启了一项名为"MIT Lisp机器项目"的工程，但只处在初期发展阶段。

后来莫拉维克悖论表明，要让人工智能完成高阶智慧，例如抽象符号的统合等任务，通常是容易用机器来解决的；反而是小孩子就能做到的诸如区分事物、用双腿直立行走等被认为是不需要智慧的事，对机器而言十分困难。让机器更像人，在当今人工智能领域已有部分成果并且还正在努力；但是在当时没人能做出供机器训练识别、语言处理、常识判断等需求的庞大的数据库，没人知道机器要如何才能学习到丰富的信息，这也是当时机器视觉和机器人等领域进展缓慢的原因。机器翻译也是直到20世纪80年代，科技进步提高了电脑的算力，以及演算成本相对降低，才使政府与企业对其再次发生兴趣。

特别值得一提的是，现在人工智能很多领域研究都绕不开神经网络，神经网络和深度学习在今天被认为是AI的核心技术，殊不知第一次AI之冬就几乎扼杀了这种模型。前面说到，明斯基指出罗森布拉特"感知机"的缺陷，原本被推上一个巅峰的神经网络研究，因为明斯

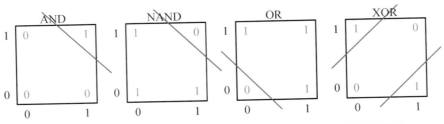

AND、NAND、OR都可以用一条线区分，只有XOR至少需要两条线。

XOR的线性不可分示意图

基的打击，导致政府资助机构撤资，神经网络领域突然沉入谷底。其实，明斯基提出的"感知机"不能解决XOR的问题，在1974年就有了答案。这一年，哈佛大学保罗·沃波斯（Paul Werbos）的博士论文证明在神经网络多加一层，并且利用后向传播，可以解决XOR问题。可惜的是，此时正值AI和神经网络的寒冬，沃波斯的这篇论文并没有得到重视。

这次寒冬几乎将人工智能产业清零，尤其是神经网络受到的打击是致命的——在往后的几乎长达十年的时光，联结主义销声匿迹。图灵奖得主辛顿"曲线救神经网络"的故事我们稍后再讲。在当时，少数还仍能在夹缝中求生存的项目，如逻辑理论等研究，虽然有所进展，但是由于并没有类似辛顿这样的领军人物形成机器学习崛起的造势，这些领域的成果被掩埋在历史的尘埃中了。

第八章　知识期

> 一旦有适当的利润，资本家就胆大起来。
>
> ——托·约·登宁《工联和罢工》

当时的人工智能程序大多用LISP语言写就，但电脑算力无法满足程序设计的发挥。麻省理工的彼得·杜奇（Peter Deutsch）提出根据LISP程序来设计电脑的解决方案，这种机器被称为LISP机（Lisp machines），在1975年研制成功。LISP机有为LISP特别优化的处理器和完全由LISP编写的开发环境，对程序员十分友好。在20世纪80年代，LISP机被广泛看好，甚至被当作未来趋势，具有非常光明的商业前景，当时好几家公司争先恐后要把这项技术商业化。到80年代中期，美国已经有100多家LISP公司了。

除了产业方面，在技术上为人工智能重启春天的，是20世纪80年代早期的专家系统，让全世界的公司相信人工智能研究是有利可图的。另一方面，日本启动第五代计算机国家项目，并在第一阶段取得不错的成果。日本五代机的成功引发了全世界的兴趣，各国不甘示弱，纷纷行动起来，展开激烈竞争，这为人工智能研究带来了一波新的投资热潮。最令人欣慰的是，自20世纪70年代以来受到沉重打击、一直遭人唾弃的联结主义，在霍普菲尔德和鲁蒙哈特等人的不懈努力下也重获新生，神经网络发展迎来了第二次高潮。

一、复苏：专家系统

为人工智能重启春天的，是20世纪80年代早期的专家系统。专家系统是根据大量的某个领域专家水平的知识和经验，进行推理和判断，模拟专家思维来处理问题的程序。简单来说，专家系统=知识库+推理机，它通过模拟专家思维，解决通常来说只有人类专家才能解决的问题。

历史上第一个专家系统是分析有机分子可能结构的DENDRAL系统。DENDRAL输入的是质谱仪[1]的数据，输出的是给定物质的化学结构。其时，斯坦福大学的遗传系主任李德伯格（约书亚·李德伯格，Joshua Lederberger）在做太空生命探索的研究，用质谱仪分析在火星上采集的数据，看是否存在生命。他在1964年斯坦福大学高等行为科学研究中心的一次会议上见到了费根鲍姆（爱德华·阿尔伯特·费根鲍姆，Edward Albert Feigenbaum）。费根鲍姆的兴趣是

1　又称质谱计。分离和检测不同同位素的仪器。即根据带电粒子在电磁场中能够偏转的原理，按物质原子、分子或分子碎片的质量差异进行分离和检测物质组成的一类仪器。

左：约书亚·李德伯格，右：爱德华·费根鲍姆

机器学习，研究的正好是把知识提炼、归纳成规则。两人萌动了合作的念头。

这场跨学科合作在现代看来还是非常具有创新性的。李德伯格是遗传学家，他对化学其实一窍不通，然而他们的研究需要一位专业化学家的分析知识，将知识提炼成规则，以便对质谱仪的数据进行分析。于是费根鲍姆又找来同校的化学家翟若适（Carl Djerassi），值得一提的是，翟若适是口服避孕药的发明人。

DENDRAL的原始信息输入的是质谱数据，利用翟若适及其弟子对质谱数据与分子构造关系的经验知识，对可能的分子结构形成若干约束，并给出一些可能分子结构，对给出的结果进行检测、排队，最后系统就能绘出分子结构图。三人一拍即合，合作的成果就是大名鼎鼎的DENDRAL，它是迄今为止最成功的专家系统之一。

DENDRAL的核心成员布坎南在项目获得成功之后，又指导了肖特莱福（爱德华·肖特莱福，Edward Shortliffe）博士论文的专家系统MYCIN，这是一款针对血液中细菌感染的诊断系统。当时专科医生的处方准确率是80%，MYCIN的准确率只有69%，但是这个数据已经优于非专科的医生了。

其他典型的专家系统都取得了不错的成果。例如INTERNIST，可以进行内科诊断；PROSPECTOR，能够根据一个地点的地理信息判断可能位置和矿床类型；DIPMETER，用于分析油井储存量；XCON，配置VAX计算机架构⋯⋯

专家系统可以代替有经验的专家，能够极大地减少开支和劳务费用；并且由于软件的可复制性，专业领域知识和经验能够借由专家系统广泛传播。这无疑给企业机构带来巨大的经济效益。20世纪80年代早期著名的专家系统，例如DENDRAL（1965），MYCIN（1972），INTERNIST（1974），XCON（1980）等，都只针对很小一个领域知识，避免了常识性问题，所以就很少被人诟病。

果然，金钱是最有效的说服工具，全世界的公司都开始研发和应用专家系统，人工智能寒冬之冰终于开始融化。到1985年，重新投入人工智能研究的资金已经达到10亿美元以上。专家系统不负众望地回馈了丰厚的利润。例如卡耐基梅隆大学为数字设备公司（Digital Equipment Corporation，简称DEC）设计的XCON专家系统，截至1986年，每年为DEC省下

4000万美元。

专家系统的应用节省了一批劳动力，也造成一部分人的失业，并且专家系统的"僭越"使得法律的界限变得模糊，在人类身上泾渭分明的执法到专家系统上就失灵了——倘若专家系统出问题，谁是责任承担者？提供知识和经验的专家？参与研发的系统开发人员？专家系统的使用者？这类涉及伦理的问题是今天的人工智能研究都亟待解决的。

不管怎么说，专家系统的成功证明了人工智能不是纸上谈兵，它突破了人工智能理论研究和实践的瓶颈，将一批苦行僧式的人工智能研究者从寒冬中拯救出来。它的出现标志着一个人工智能新领域的诞生。

二、尝试：日本第五代计算机

既然称为"第五代"，那么我们来回顾一下，自从1946年研制成第一台电子计算机ENIAC之后，按照电路工艺划分，计算机工业已经经历了四代变迁：第一代（1949—1956）器件采用电子管，采用二进制码，确立一系列计算机技术基础；第二代（1956—1962）器件采用半导体晶体管，中断[1]观念就是这一时期出现的；第三代（1962—1970）是软设备系统化时代，计算机器件采用集成电路，研制分时系统[2]等；20世纪70年代之后的第四代计算机采用超大规模集成电路（VLSI），是硬设备和软设备融合的时代。

经济繁荣推动科技发展，日本通商产业省（Ministry of International Trade and Industry，简称MITI）捷足先登，于1978年提出研制用于90年代的新型计算机的远大目标。1981年10月，日本信息处理开发中心（Japan Information Processing Development Center，简称JIPDEC）召开第一届第五代计算机会议，正式向世界宣告开始研制第五代计算机。名字中的"第五代"足见日本的野心——为了超越美国成为世界信息领域的领头羊，日本试图研发出划时代意义的电脑，相较于前四代，这代计算机将在设计思想、体系结构、应用领域等各个方面产生革命性的变化。

计算机发展历程

1　中断是指计算机运行过程中，出现某些意外情况需主机干预时，机器能自动停止正在运行的程序并转入处理新情况的程序，处理完毕后又返回原被暂停的程序继续运行。

2　指在一台主机上连接多个带有显示器和键盘的终端，同时允许多个用户通过主机的终端，以交互方式使用计算机，共享主机中的资源。

第五代计算机（以下简称五代机）计划的提出是基于20世纪70年代初人工智能技术的发展，人工智能推理与知识库技术提供了计算机拥有一定程度人类思维能力的可能性，未来计算机能够联想、推理、学习甚至理解人类语言。在硬件方面，第四代超大规模集成电路技术日趋成熟。软件、硬件条件兼备，对日本来说，第五代计算机几乎呼之欲出了。1984年，在第二届五代机大会上，日本五代机取得的初步成果证明了日本的远见卓识，五代机第一阶段的研究成果令世界都瞩目，也带动了世界各国研发新型计算机的热情。

五代机的本质是人工智能机器，意味着计算机将具有人的某些智能。除了具有高速运算能力之外，五代机要能够像人一样利用视觉、听觉、嗅觉和触觉处理信息，还要能够进行推理、联想、判断和学习，形成决策，做出反应。当时电子计算机已经初步显现一些基础"智能"，能够辅助人类完成一部分功能，但不能推理、联想和学习，然而这些都是人脑最普通的思维活动。此外，一些高速、大量的计算任务需要的算力都远超当时电子计算机的能力极限。为了能更好地为人类服务，五代机还需要听懂和理解自然语言，这将直接解放电子计算机的应用、普及和大众化。为此，第五代计算机研究和人工智能、知识工程、专家系统等领域的研究紧密联系，其基本结构由问题求解与推理、知识库管理和智能化人机接口三个基本子系统组成。

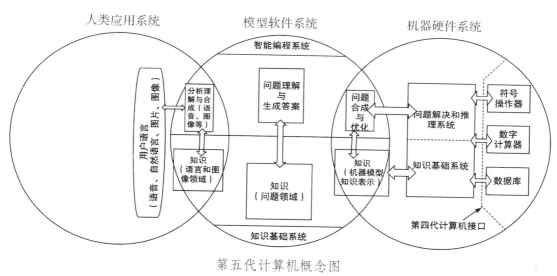

第五代计算机概念图

日本五代机取得了许多不错的成果，包括诸如下棋、翻译、逻辑推理等，重要的是五代机的发展带动了世界各地新一代软件工程的发展。在硬件方面，出现了先进的微细加工和封装测试技术、智能辅助设计系统等一系列新技术；软件方面，各种智能应用系统和集成专家系统都有所改善和发展。在日本的刺激下，英国1982年婉拒了日本邀请联合开发五代机的倡议，宣布在未来五年耗资2.5亿英镑开发自己的阿尔维计划（Alvey Programme）[1]；同年，美国成立微电子与计算机技术集团（Microelectroics and Computer Technology Corporation，简称

1　阿尔维计划（Alvey Programme）项目从1983年持续到1987年，是回应日本第五代计算机计划的信息技术研究项目，由英国政府资助。该计划旨在创建一台使用大规模并行计算/处理的计算机。该项目不关注任何特定的技术，如机器人，但它支持英国的知识工程研究。

MCC）作为对日本五代机项目的回应，向人工智能项目投入大笔资金，DARPA向人工智能的投资也日益增长；1983年欧洲启动了"欧洲信息技术战略计划"（ESPRIT），10年预算是15亿ECU（European Currency Unit，欧元诞生之前所依托的欧洲货币单位）。

后来的结果证明，当年的第五代计算机高估了技术进步的发展趋势，尽管有日本政府的大力扶持，日本五代机还是以失败告终。之所以失败的原因之一是，通产省的投入资金远远比不上美国的实力，日本为五代机制定的十年计划仅有4.5亿美元，即便预期总投入会达到8.5亿美元，也远远不及IBM公司1982年一年15亿美元的研发经费。

还有一个原因可能是，在现代科技水平能够解释人脑是如何工作的之前，制造一个解决人类通用智力问题的机器是个大难题。回顾历史，科学的重大突破总免不了伴随着伟人的出现，例如图灵和冯诺依曼等人的灵光一现。爱因斯坦说过，灵感才是能够轻松撬动地球的杠杆。英、美等大国能够在信息领域独占鳌头，很大一部分原因是频出改变时代的科学家，而日本缺乏个人英雄主义的土壤，仅靠少数工程师的钻研大抵还是行不通的。

三、重生：神经网络

神经网络的重生要归功于物理学家约翰·霍普菲尔德（John Hopfield）。1982年，霍普菲尔德提出了一种新型的神经网络，能够用全新的方式学习和处理信息，解决一大类模式识别问题，还可以给出一类组合优化问题的近似解。这种新型神经网络后来被称为"霍普菲尔德网络"。同年Kohonen发表了一篇关于自组织映射的文章。1983年，强化学习[1]在控制领域的应用初见端倪。1984年，霍普菲尔德用模拟集成电路实现了霍普菲尔德模型。神经网络有了崛起的迹象，一帮早期神经网络研究的幸存者受到鼓舞，开始了联结主义运动，其中就包括辛顿。

 **延 伸 阅 读**

"三驾马车"和"四大金刚"

在深度学习领域，有"三驾马车"和"四大金刚"之说。"三驾马车"是指杰弗里·辛顿，延恩·勒昆（Yann LeCun）和约书亚·本吉奥（Joshua Bengio）。这三人一齐斩获2019年图灵奖，意味着深度神经网络在当下的火热程度。"四大金刚"是以上三个人再加上一个吴恩达（Andrew Ng）。其中，辛顿是四人之中的长者，也被称为"深度学习之父""AI教父"，他的地位之高不是空穴来风的。

---

1 用于描述和解决智能体（agent）在与环境的交互过程中通过学习策略以达成回报最大化或实现特定目标的问题。

"三驾马车"，左起分别是杰弗里·辛顿、延恩·勒昆和约书亚·本吉奥

"四大金刚"，除以上3人之外还有一个吴恩达（Andrew Ng）（右一）

辛顿家世显赫，他生于英国，后移居加拿大。父亲霍华德·辛顿（Howard Hinton）是著名的英国昆虫学家，曾祖父查尔斯·辛顿（Charles Hinton）是知名数学家兼最早的科普和科幻作家之一。他曾祖母的父亲是赫赫有名的乔治·布尔（George Bull），其布尔代数影响了成千上万的后代。

早在20世纪60年代，辛顿就对神经网络产生了浓厚的兴趣。在明斯基的著作《感知机》出版之后，大多数人因这本书放弃了对神经网络的研究，然而辛顿是个例外。

明斯基说过单层神经网络，也就是感知器，无法解决异或问题。那么增加一个包含任意多个神经单元的隐藏层，两层神经网络不仅可以解决异或问题，而且具有非常好的非线性分类效果。这个思想就是人工神经网络领域数学观点中的通用近似定理（Universal approximation theorem，另译万能逼近定理）：如果一个前馈神经网络具有线性输出层和至少一层隐藏层，

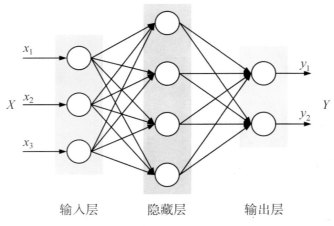

输入层 　　　隐藏层 　　　输出层

有两个隐藏层的神经网络

只要给予网络足够数量的神经元，便可以实现以足够高精度来逼近任意一个在R^n的紧子集（Compact subset）上的连续函数。

简而言之，两层（包含一个隐藏层）神经网络可以很好地完成复杂非线性分类问题。当然也包括异或问题。只要给予适当的参数，仅有一层隐藏层的神经网络架构也可以拟合现实中一些非常有趣、复杂的函数。这一拟合能力是神经网络架构能够完成现实世界中复杂任务的原因。两层神经网络的出现使得神经网络开始大范围的推广与使用，但是两层神经网络的计算缺少一个较好的算法。

解决这个问题的，是1986年辛顿和他的同事大卫·鲁姆哈特（David Rumelhart）以及罗纳德·威廉姆斯（Ronald Williams）提出的"反向传播"（backpropagation）技术，通过学习合适的内部表达来学习从输入到输出的映射。

想象一下你今天想吃鱼，并且希望尽可能少地挑刺。你走进一家餐厅，点了一份酸菜鱼。这个行为会对从餐厅到渔民整条供应链产生怎样的影响呢？首先酸菜鱼或将成为这家餐厅的招牌菜，餐厅开始留意如何做出肉质更好、味道更鲜的鱼，餐厅会跟冷链提供商说我们需要更多的鱼片，最好是刺少的；冷链提供商随即向鱼厂提出需求：黑鱼的刺少，给我更多的黑鱼吧；鱼厂将需求下达给渔民：现在大家越来越喜欢吃酸菜鱼啦，尤其喜欢刺少的，多养些黑鱼吧。

反向传播算法就是解决这个问题的非常好的方法。它把客户的需求直接告诉最后一个环节，每个环节将经过修正的信息传递给上一个环节，由此一来，供应链能够获得的利益就会提高。

通过这种信息修正的办法，反向传播技术极大提升了神经网络的性能。由于鲁姆哈特等人的成就证明了神经网络的价值，神经网络热潮终于在20世纪80年代中期回归。

本吉奥早在大约1986年开始了递归神经网络（recursive neural network，简称RNN）和语音识别方向的研究工作，RNN打破了前馈神经网络的结构，让神经网络获得"听觉"。有趣的是，本吉奥最后进入了贝尔实验室，当时勒昆正好在那里攻克卷积神经网络（Convolutional Neural Networks，简称CNN），"三驾马车"的两大巨头成功会合。1989年，勒昆将反向传播

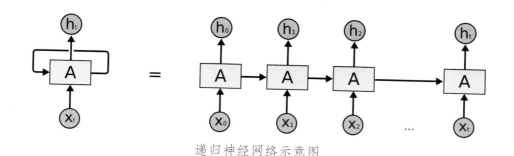

递归神经网络示意图

应用到手写邮编识别中，从实践上证明了反向传播的可行性。不同于传统神经网络，获得"视觉"的神经网络含有卷积层。勒昆在贝尔实验室继续支持卷积神经网络，相应的研究成果最终在20世纪90年代中期被成功应用于支票读取。

前面提到的通用近似定理也是来自1989年的关键发现：多层前馈神经网络是普适模拟器（Universal Approximators），是从数学上证明多层结构的神经网络在理论上能够表达任意函数。

尽管这个时候神经网络已经可以致力于语音识别、图像识别、自动驾驶等多个领域，但是还存在许多问题。神经网络的训练耗时太久，而且容易陷入局部最优解。在20世纪剩下的时间里，其他诸如支持向量机等算法的出现使得神经网络落于下风。

思考与实践

2.6 你是否玩过传声筒的游戏？同学们站成一列，老师把词语告诉第一个人，同学们按次序将这个词传给下一个，最后一个同学说出他听到的词语，老师再告诉最后一个同学答案对不对。通常在这个过程中都会出现一些啼笑皆非的答案，他会反过来嗔怪上一个提供错误答案的同学，这个同学又会回去责怪之前的同学没传好。同学们在这样的过程中磨合，慢慢理解队友的发音习惯，最后猜的词语越来越准。想一想，这样一个运作过程和反向传播算法有什么不同。

第九章　第二次AI之冬

> 我们从未拥有过自由意志，只是幻想拥抱过它。
>
> ——《西部世界》伯纳德

如果把人工智能的辉煌比作花朵的盛开的话，人工智能知识期短暂繁荣只能说是昙花一现。20世纪80年代商业机构的追捧把人工智能推到花期的极盛，随之而来的却是更快的凋零。和第一次AI寒冬一样的是，第二次寒冬也经历了一系列财政问题。资产价值超越实体经济，人工智能再一次沦为泡沫。泡沫被戳破之后，寒冬便来得猝不及防，现在广泛认同是1987年。

这一年，日本五代机计划进入胶着状态，英国宣布放弃阿尔维计划。英国《新科学家》杂志1991年的报道称该项目是一个"一流的研究因缺乏行业投资、无法将产品推向市场而日渐衰落"的故事。英国苏塞克斯大学科学政策研究中心（The Science Policy Research Unit at the University of Sussex）的肯·盖伊（Ken Guy）和曼彻斯特大学（the University of Manchester）的卢克·乔吉欧（Luke Georghiou）对其研究成果进行了最终的独立评估，报告指出在阿尔维计划的技术中的"包括微电子、软件、人工智能和人机界面，直到今天都有着重要性"。从广义上说，该方案的技术目标已经实现，即通过合作研究加强英国研发力量的目标已实现。但是同时报告也指出，在提高英国在信息技术市场竞争力的目标上，阿尔维基本失败了，"资本短缺和管理缺陷是阻碍阿尔维计划实现长期战略目标的原因"。

这一年，苹果公司和IBM等生产的台式机性能已经超过了昂贵的LISP机。在20世纪80年代早期出现了个人电脑市场，在市场竞争驱动下，个人电脑的性价比水涨船高。人工智能硬件市场急剧萎缩，社会各界对人工智能的投入再次下降。

 延伸阅读

个人电脑的竞争

在20世纪80年代中期之前，个人电脑市场已经形成了IBM PC、苹果II、和Commodore 64三足鼎立的形势。

1981年，IBM公司推出IBM 5150，它使用英特尔8088微处理器，安装了微软MS-DOS操作系统。

1982年，康懋达公司（Commodore）推出了Commodore 64（简称C64），这是吉尼斯世界记录上销量最高的单一电脑型号。

1984年，Macintosh（麦金塔电脑）作为整个Mac系列的第一款产品，已经非常接近今天的电脑，它使用的图形化用户界面的Mac操作系统一直沿用到2001年。

麦金塔电脑

同年，IBM也推出了第二代个人计算机产品 PC/AT。

1985年，微软提供了Windows 1.0操作系统，但看起来就像是Mac操作系统拙劣的仿制品。直到5年后的Windows 3.0才可以算是一款真正成功的操作系统。

康懋达公司的第一款16位计算机产品Amiga也在1985年问世。它在设计上仍然延续了C64的传统，整合了键盘的主机非常轻便，同时连接电视进行显示，因此售价十分低廉，只要1300美元。相对于主打高端用户的PC/AT和Mac，Amiga的价格显然更加亲民得多。

尽管几大厂商不遗余力地更新产品，但最终这场家用电脑市场大战最后的胜出者却是新涌现的大量PC兼容机厂商。1983年，新成立的康柏公司第一个造出了完全兼容IBM PC机的产品Compaq Portable。1987年，IBM试图亡羊补牢，推出了第三代个人计算机PS/2，结果却将IBM自己淘汰出了个人计算机市场。

从此，整个20世纪90年代，厂商看重的只是x86 CPU和Windows操作系统，微软和英特尔变成了市场的主宰者，最早开创了 PC 机市场的 IBM 公司已经没有话语权了。

1987年，华尔街爆发史上最大的单日股市崩盘事件，史称"黑色星期一"。在席卷全球的金融危机中，LISP机产业也不能幸免，相关公司几乎全线破产。

延伸阅读

"黑色星期一"

"黑色星期一"指1987年10月19日星期一的股灾。其实在星期五（1987年10月16日），纽约股市经过夏季连创新高后，在当日下跌逾91点（约5%）。但因时差，美国东岸时间较其他各主要金融市场迟开市，当纽约股市暴跌时，其他市场已休市，并未被波及，甚至与纽约股市同步的多伦多股市也未受影响。

10月19日"黑色星期一"事故发生在香港，向西传播到欧洲，在其他市场已经持续大幅下滑后袭击美国。道琼斯工业平均指数下跌508点至1,738.74。当日全球股市在纽约道琼斯工业平均指数带头暴跌下全面下泻，引发金融市场恐慌。随之而来的是20世纪80年代末的经济衰退。

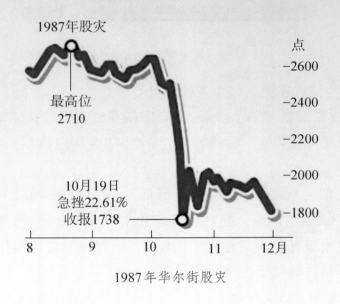

1987年华尔街股灾

后来的故事大家都知道了。20世纪80年代晚期，对人工智能的资助大幅削减。"第五代工程"到1991年都并没有实现。随着苹果、微软、IBM等第一代台式机的普及，宣告了个人计算机时代到来。

英国阿尔维计划和Mac麦金塔的联系

一个是英国夭折的计划，一个是苹果研发的电脑，这两者会有什么奇妙的联系呢？这都源于阿尔维项目负责人布莱恩·奥克利（Brian Oakley）对阿尔维计划失败的总结。

奥克利表示，企业必须加大培训投入，加大研发成果的商业化投入，加大营销投入。奥克利举了苹果麦金塔电脑的例子。"麦金塔电脑现在非常成功，因为它非常容易使用，"他说，"阿尔维的人机界面项目的产品也一样好，但没有一家英国公司能像苹果那样，仅在营销上就投入7000万美元。"

在与日本五代机对比时，他认为英国资本借贷的高利率使得长期投资过于昂贵，而日本的低利率意味着，企业可以投资于回报率很低的高科技产品。

理论研究的瓶颈使得人们对人工智能大失所望。例如，人们在20世纪80年代初寄望于帮助人工智能崛起的专家系统，但它最初取得的成就毕竟有限——专家系统是有用的，但它的应用领域非常窄，而且专家系统无法自我学习，面对日新月异的知识库和算法，专家系统的更新迭代和维护成本也越来越高。很多企业后来都不得不弃用专家系统或者升级到新的信息处理方式。

20世纪80年代晚期，各国政府和机构对人工智能渐渐失望，以至于纷纷停止向人工智能研究领域投入资金。

……

总结起来，人工智能进入第二次寒冬的原因和第一次是相似的，大体也是因为商业吹捧，却发展不如预期，使得人工智能最终化为泡沫并破裂。除此之外，相比第一次，第二次寒冬之前，人工智能还受到了来自"个人电脑"的挑战，自己本身的技术瓶颈也没有突破性进展，并且仍然缺乏海量训练数据能够证明自己的"学习"能力。最终，"经济基础决定上层建筑"，没有资金投入，人工智能研究势必推进迟缓。

就这样，人工智能再次进入了冬眠，而这次沉睡远比上一次来得久。

第十章　学习期

从20世纪90年代到现在一直都是人工智能的学习期。眼下人工智能的热度远远超过之前任何一次繁荣时期。当今最热的话题以及各大会议总绕不开"神经网络""深度学习"等词汇，哪里知道神经网络和深度学习也曾有一段曲折离奇的故事。

一、一波三折的神经网络

在短暂的第二波人工智能热潮之后，1987年，美国爆发了金融危机。由于个人计算机的异军突起，人工智能不再是资本关注的焦点。在人工智能进入寒冬的开始几年，神经网络虽然仍有所发展，但很快到了20世纪90年代中后期，神经网络真正被打入冷宫了。

尽管现在看来，反向传播算法是开天辟地的伟大突破之一，但是这并没有让辛顿团队事业发展就此一帆风顺。首先是内因，反向传播算法自身存在一个很大的问题，在多层和递归神经网络中容易发生梯度消失或梯度爆炸的问题。其次，1992年，万普尼克等人发明的支持向量机（Support Vector Machine，简称SVM）算法诞生。相比于神经网络，支持向量机有更坚实的数学理论基础，具有收敛到全局最优解、泛化能力强、无须调参等特点。勒昆本人也在1995年承认SVM算法的准确性和先进性。很快地，SVM算法的热度超过了神经网络，神经网络进入了冰河期。

1997年，针对反向传播无法训练递归神经网络的问题，霍克莱特（Sepp Hochreiter）和尤尔根·施米德胡贝（Jurgen Schmidhuber）提出了长短期记忆网络（Long-short term Memory Network，简称LSTM）。但这并没有扭转神经网络被冷落的状况。

在这段时期里有两件值得庆幸的事：一是这一片乌云只笼罩着神经网络，人工智能其他方面的研究依然沐浴在阳光下；二是神经网络的研究者们依旧咬牙坚守着。

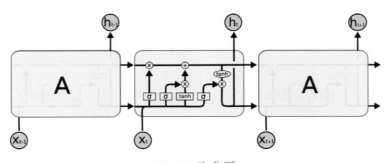

LSTM 示意图

《权利的游戏》海报，高庭玫瑰家族族语是"生生不息"

2003年，辛顿在加拿大多伦多大学当着他的穷教授，那时他们的关于神经网络的研究很难获得经费。走投无路之际，加拿大高级研究所CIFAR（Canadian Institute for Advanced Research）向他们抛出了橄榄枝。CIFAR对辛顿团队从2004年到2014年，总共资助一千万加元。联想到本吉奥和勒昆都是CIFAR项目的联合主管，以及后来辛顿团队的成就，不禁感叹总是好事多磨啊。

 延伸阅读

辛顿与曲线拯救神经网络

辛顿和勒昆不止一次地谈起，在20世纪90年代中期神经网络处于低潮期的时候，他们以及他们学生的论文屡屡遭拒，原因仅仅是因为论文与神经网络相关。既然神经网络这么不受人待见，怎么办呢？换汤不换药，改个名字吧。于是"神经网络"摇身一变，成了"深度学习（Deep Learning）"。

2006年，辛顿发表论文，首次提出"深度信念网络"的概念。自此，深度学习正式诞生，辛顿也因此享有"深度学习之父"的美誉。比起名称的变换，辛顿更重要的成就是在神经网络中增加了一个"预训练（pre-training）"的过程。相对于传统的随机初始化权重的方式，预训练使得权重在初始化时就能够找到接近最优解的值；之后使用"微调（fine-tuning）"[1]技术来优化。这个标志性的技术进步使得这一年成为人工智能发展过程中至关重要的一年，成为载入人工智能发展史册的转折点。

---

1 微调是在预训练基础上，利用原有模型参数初始化现有模型，对自己的模型进行"再加工"。简单来说就是既有现成模型略加修改之后再作少量训练，主要用于样本数量不足的情形。

ImageNet

ImageNet作为计算机视觉上最有影响力的竞赛项目，拥有着目前世界上图像识别最大的数据库，它见证了神经网络这部"大电影"的高潮部分。2010年，冠军还是被以SVM技术为核心的团队以28%的误识率斩获；2011年夺冠的是费舍（Fisher Vector）的计算方法，错误率降低到了25.7%；到了2012年，辛顿团队直接拉开第二名几乎10个百分点，他们的AlexNet使用深度学习算法把误识率降到了16%，而排名第二的误识率高达26.2%。这次神经网络的胜利可谓是扬眉吐气，学界和工业界开始重新审视这个传奇的行业，深度学习也成为时下大热的研究方向。

二、 挑战人类智力极限

人工智能更多地造成冲击是因为它挑战了人类的极限。随着"机器更像人"这个目标接近达成，人类不得不开始关注人工智能了。况且，人工智能是极有野心的，除了"像人"这个亘久不变的目标，机器正在尝试"超越人"。

1996年IBM开发的"深蓝"（Deep Blue）首次挑战国际象棋世界冠军卡斯帕罗夫，以2∶4落败。次年，它卷土重来时有一个非官方的昵称"更深的蓝"（Deeper Blue）。1997年5月11日是个让卡斯帕罗夫对计算机下棋彻底改观的日期，深蓝以3.5∶2.5击败卡斯帕罗夫，这次"人机大战"在人工智能领域引发了现象级的话题讨论。

IBM公司再接再厉，于2011年推出超级计算机沃森（Watson）参加综艺节目《危险边缘》。作为第一个机器参赛选手，沃森很好地发挥了机器大量存储、迅速计算和应答的优势，击败了人类最高奖金得主布拉德·鲁特尔（Brad Rutter）和连胜纪录保持者肯·詹宁斯（Ken Jennings）。沃森的胜利标志着人工智能关于自然语言处理、知识表示、消息检索等技术的发展日趋成熟。

2014年，来自脸书的DeepFace项目在他们公开发表的论文中，声称DeepFace在人脸识别方面的准确率已经能达到97%以上，非常接近人类的97.53%的数据，再次证明深度学习算法在图像识别方面独占鳌头。

2012年，辛顿团队在ImageNet竞赛中通过深度学习将错误率降到16%。自那时起，神经网络在这个竞赛中大放异彩，错误率逐年降低。2014年，高达152层的网络最低错误率降到6.7%。2016年，ILSVRC的图像识别错误率已经低至2.99%，这个数据远远超过人类的5.1%，

ImageNet竞赛也没有再办下去的必要了。终于，在2017年，ImageNet大规模视觉识别挑战赛正式结束。ImageNet的停办，是一个时代的结束，也是另一个纪元的伊始，这标志着计算机视觉的重点将从图像识别迁移到图像理解。人工智能将在未来继续创造出人意料的成绩。

表10—1　ImageNet竞赛近年来冠军的错误率及使用结构简介

年　份	2012	2013	2014	2015	2016	2017
错误率	0.16	0.117	0.06	0.035	0.029 9	0.022 5
框　架	AlexNet	Clarifai	GoogleNet	ResNet		

其实对更多非专业的人来说，让他们感受到人工智能"威胁"的应该还是谷歌的AlphaGo。2016年，AlphaGo以4∶1的比分战胜了国际顶尖围棋高手李世石。在此之前，由于围棋在西方国家受众不高，而且棋局的复杂程度要高于国际象棋，围棋一直是人工智能尚未攻克的地盘。2016年的这场旷世比赛，使得深度学习炙手可热。2017年，柯洁与AlphaGo的三番棋最终以AlphaGo全胜结束，更是宣告着人工智能在围棋界的胜利。

李世石对战 AlphaGo

柯洁对战 AlphaGo

AlphaGo使用蒙特卡洛树搜索和深度学习结合，它轰动世界的盛举把深度增强学习推上了风口浪尖。其中深度学习用来提供学习的机制，增强学习用来提供学习的目标。AlphaGo的第一作者David Silver本人提出了一个公式，DRL=DL+RL=Universal AI（深度强化学习=深度学习+强化学习=通用人工智能/强人工智能），表明深度增强学习的巨大潜力。2013年DeepMind提出的DQN（Deep Q-Learning）模型算是DRL的一个重要起点，也是理解DRL的经典模型。目前最好的深度增强学习算法是UNREAL，于2016年11月由DeepMind提出。UNREAL在雅达利游戏上已经超越人类，其水平大约是人类的8.8倍。

三、百尺竿头，更进一步

AlphaGo战胜人类并没有让计算机下棋停止前进。2017年，AlphaGo升级版AlphaGo Zero横空出世。"Zero"寓意它的模式如同初生婴儿一样，完全"从零开始"学习。AlphaGo Zero结合了神经网络表示和增强学习算法，通过自学习框架自动学习如何对弈。最终，它以100 : 0的比分轻而易举打败了AlphaGo Lee，花了21天时间达到AlphaGo Master的水平，用40天时间超越了所有旧版本。除了围棋，Zero还精通国际象棋等其他棋类游戏，可以说是真正的棋类"天才"。现在人类对人工智能下棋的态度开放多了，对于AlphaGo Zero，李世石称"之前的AlphaGo并不完美，我认为这就是为什么要把AlphaGo Zero造出来的原因"。

2017年10月，辛顿和他的团队发表了两篇论文，宣告一种全新的神经网络——胶囊网络（Capsule Networks）面世。辛顿将他过去几十年的研究翻了过去，以极具前瞻性的魄力重塑人工智能格局。

此外在这一年，深度学习的相关算法在金融、医疗、工业等多个领域均取得了令人瞩目

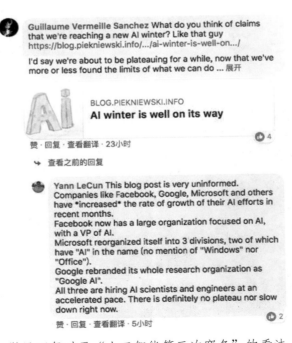

勒昆回复对于"人工智能第三次寒冬"的看法

的成果。想想才不到两年的时光，人工智能的进步就像经历了一个世纪一样迅猛。那么未来呢？第三次浪潮接踵而来的会否是第三次寒冬？或是人工智能继续稳步增长？

2019年图灵奖颁给了人工智能深度学习的三巨头。他们是共同熬过人工智能第二次寒冬的人，也经历过神经网络被沉重打击的岁月，对于人工智能"第三次寒冬论"他们早已免疫。勒昆以现在各大企业都在加大对人工智能的支持度，来佐证人工智能寒冬论是无稽之谈，如上页图。辛顿认为，寒冬论只可能发生在过往人们对人工智能无甚依赖的时候，而现在人工智能已经成为人们日常生活的一部分。

不管这个问题的答案是什么，我想人工智能未来影响的将会是年轻的一代，或许就是正在看这本书的你，我亲爱的读者们。

第 **3** 部分
专用人工智能

　　小明和小华是同班同学。小明比较偏科，他的数学非常好，在这门课上付出了近乎全部的时间和精力，刷了很多题，几乎所有的题型他都见过。这个学期老师新开了"人工智能"科目，这门课以前没有开过，也没有什么题。小明一窍不通，不知道该怎么学。可是小华就不一样了，学习能力比较强，不偏科，只要每个科目稍微做几道题，就能在这个科目中取得不错的成绩。小华对"人工智能"这种无法刷题的课也能学得很好，因为只要看完课本他就已经基本掌握了，不需要额外刷题。小明和小华就是专用人工智能和通用人工智能的一个类比。

第十一章 专用人工智能概述

> 我们只能向前看到很短的未来，但是我们能看到未来仍然有很多事情要做。
>
> ——阿兰·图灵

专用人工智能（Special Purpose AI），通常也被称为"弱人工智能（Weak AI）"，侧重于智能的用途，以计算为核心借助算法解决一些现实问题。这个分支起源于麻省理工学院，他们倾向于将任何表现出智能行为的系统都视为人工智能的例子。专用人工智能被广泛应用在机器视觉、机器人、自然语言理解等相关领域，衡量专用人工智能的唯一标准是执行结果是否准确。研究者通常并不关注人工智能是否以人类相同的方式解决问题。通用人工智能（Artificial General Intelligence），或者说"强人工智能（Strong AI）"，则更关注于智能的本质，它不仅仅关注智能行为的结果，更关注这种智能行为的背后是否基于与人类使用的相同方法，这一类学派以卡耐基梅隆大学的研究者为代表。

我们如今见到的几乎所有的人工智能算法及其相关的应用都属于专用人工智能的范畴。专用人工智能的局限性非常明显，它的问题定义方式本身决定了只能用于解决特定领域的一类问题。无论是已经有着广泛应用的物体检测、人脸识别，还是在围棋上具有超越人类表现的AlphaGo，能生成以假乱真图片的对抗网络，或者欺骗过图灵测试的对话机器人，虽然这些"智能"算法在某一具体任务的表现上非常出色，但都无法解决其他领域的，哪怕非常简单的问题，更不要说从中抽象出基本的逻辑，甚至进化出自我意识。专用人工智能与通常理解的智能还有着很大的距离。

知识的表示、搜索与推理是专用人工智能最古老而经典的方法。这种学习过程的划分方式来自符号主义。它的实质是模拟人脑的抽象逻辑思维，通过把知识结构抽象成某种计算机的符号，并通过逻辑演绎和推理，从而模拟人类的认知过程。这种经典方法在很长一段时间内主导了人工智能的发展。虽然一些方法如今看来缺乏实用性，但是其思想却在人工智能的发展历史中影响深远，贡献了很多重要理论。

机器学习（Machine Learning）是当代专用人工智能的技术核心。机器学习的本质是利用数据或以往的经验，来改善计算机程序在某一具体任务上的性能。机器学习算法有五个重要的学派：符号主义、贝叶斯主义、联结主义、进化主义和行为主义。下面将分别对这个五个学派进行介绍，从而一览机器学习的全貌。

深度学习（Deep Learning）和强化学习（Reinforcement Learning）是机器学习在联结主义

和行为主义这两个分支上的重要算法。近十年来，正是在这两个领域的巨大成功，使得人工智能这个古老的学科焕发了新的活力，引起了社会性的关注。其实，它们的主要理论思想与几十年前传统的联结主义和行为主义并没有本质上的差别，主要是互联网时代所产生的海量数据和硬件计算资源水平的飞速提升，使得这两个领域产生了突破性的进展，前者以机器视觉领域的成功为主要代表，后者则主要体现在游戏领域。在接下来的两章中，将介绍这两个专用人工智能最为成功的代表领域，当然，成功的背后，如何抑制住盲目的乐观，对于其局限性和未来发展方向做出若干反思，也是本章的一个重点。

专用人工智能不追求一个更加普适而通用的学习方法，而是只关注这个特定任务上的结果。它会在一个领域堆砌大量的知识、经验和数据，只为了在这一个任务上表现更好。专用人工智能相当于我们在第一段中提到的小明同学，小明从来没有思考过各个学科之间的普遍联系和通用的学习方法。要训练出一个人工智能算法，当然不希望是一个小明这样的偏科选手，希望他是小华这样的学习型选手，轻轻松松就能在新的学习任务上表现很好。这就涉及接下来会介绍到的元学习方法。元学习方法可以利用解决以往任务的经验，找到一个跨任务的学习方式，也就是学习如何去学习。元学习方法是专用人工智能变成通用人工智能的一个途径。

到目前为止，专用人工智能的应用已经影响到人们日常生活的方方面面。从总体上来说，这个影响是正面大于负面的，我们可以看到人工智能在语音识别系统、图像处理系统、库存控制系统、监视系统、机器人、推荐系统、搜索引擎等方面对人类生活的改善。尽管短期内，个人语音助手或者家庭助手的功能还不是非常完善，但可以想象一个真正有用的个人助手可以对生活产生非常大的正面影响。尽管自动驾驶至今为止还没有成熟的应用，但用于驾驶的智能助理可以帮助人类避免交通事故的发生，每年挽救着数万人的生命。一些社会问题也在人工智能的帮助下进行处理，比如利用基因信息治疗疾病、能源的有效管理等。不排除可能引起一些对社会不利的影响，比如刚才提到的自动驾驶系统、监视系统，甚至专用人工智能技术也可以被用于开发一些具有自主能力的武器等。这些技术一旦被别有用心的人控制，或者发现漏洞进行攻击，将会对社会造成巨大的负面影响。

正如章首引语所说，"我们只能向前看到很短的距离"，随着人工智能的进一步发展，如何引导其未来的发展方向，将其负面影响降到最小，是我们始终需要进行思考的问题。

第十二章　知识的表示、搜索与推理

> 我们人类都是有语法的推理动物，比如我太太，我想她开心，红酒可以让她开心，所以我给她买红酒，这个是非常明确的推理过程。
>
> ——迈克尔·伍尔德里奇（Michael Wooldridge）

在进入对人工智能的思考之前，让我们先来反思一个人思考问题的过程。一个学生在考试的时候，遇到一道英语选择题，他是如何解题的呢？这个学生平时必须认真复习这个学科的所有相关知识点，包括单词、语法结构甚至之前做过的习题，这些知识点会储存在这个同学的记忆中。对于一个学习好的同学，这些知识点不是杂乱无章的，而是高度结构化的，分模块有组织地存在记忆中。当面对这道之前从来没有见过的题目时，首先会在记忆中进行搜索，当然不是对数学公式、古诗词的搜索，而是定位到英语学科，继而定位到一个章节、一个问题，然后回忆起所有相关的知识点，这时可能已经找到了需要的答案。如果问题再难一点呢？可能没有办法一下子找到需要的答案，但可以找到一些相关的知识点，基于这些知识点通过推理得到需要的答案。这个推理的规则是该学生直接从课堂上学习到并记住的，或者是做了很多的习题，记忆了很多的例句，从中归纳得到的。

这样的一个认知过程，正是人工智能算法的一个模板。人工智能算法特别是一些早期的算法，都是以类比模式解决具体的问题。类比于人的认知模式，我们同样可以对一个人工智能算法进行这样的划分。首先对知识进行某种抽象和表示，使其成为计算机可以识别的符号或者其他的数字形式，这是人工智能的基础和前提。接着，在这个知识表示的基础上，通过各种搜索算法，寻找到需要的知识（或者直接找到解决方案）。又或者借助已有的知识进行某种基于特定规则的推理，得到需要的解决方案，下图是人脑认知过程的一个简单示意。

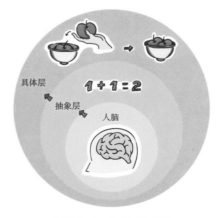

人脑认知过程示意图

知识如何进行表示、搜索和推理，一直是人工智能发展过程中一个非常重要的问题。把人工智能算法的过程划分为这样的三个阶段，首先由符号主义在数理逻辑的基础上提出。在人工智能的发展初期，一度发展非常活跃。虽然一些决策方法在今天看来并不适用，然而其中蕴含的思想却对人工智能发展十分重要。知识的表示方面，重要的应用如知识图谱在今天的人工智能中仍然处于非常重要的地位。而在知识的搜索和推理方面，至今还有着一些高层次的研究课题。

一、 知识表示

知识表示是人工智能的基本问题之一，推理和搜索都与表示方法密切相关。常用的知识表示方法有：逻辑表示法、产生式表示法、语义网络表示法等。

一个好的知识表示和一个好的算法或者解决方案一样重要。因为简洁自然的表示方法有助于快速得到可理解的解决方案，而一个糟糕的表达方式却可能令人窒息。正如在之前提出的学生考试的例子中，好的学生，往往能够对学到的知识进行很好的归纳、总结，融会贯通，得到一个简洁明了的知识表示，并形成自己的知识结构。在此基础上无论是做搜索还是推理，都是非常高效的；相反，学习能力比较弱的学生，也可以通过死记硬背，把所有的知识点都记住，但这些知识点组织形式本身是混乱的，彼此之间没有联系，在这样一个庞杂的知识库中寻找解题所用的那一两个关键的知识点，无异于大海捞针，收益与付出的计算资源和储存空间不成正比，其结果往往是答案错误或者花费过多时间。

知识表示最早起源于逻辑理论。开创性的工作是威诺格拉德（Winograd）在1972年提出的积木世界（Blocks World）。在积木世界中，一个机器人可以与桌面上的积木进行交互：它可以操作放在桌子上的具有不同颜色、尺寸和形状的玩具积木，如立方体、棱锥体等，根据操作人员的命令把这些积木捡起来，移动搭成新的结构。这个程序中，机器人具有200个单词和场景知识，可以通过句法、语义和推理来理解语言，并对场景进行分析。

产生式表示法是专家系统中用于知识表示的方法，产生式规则通常有如下的形式：

"如果（条件），那么（动作）"或者"如果（条件），那么（事实）"。

专家系统一般是一个软件，这个软件概括了某一个领域详尽的知识或者规则。一个用于英语语法选择题的产生式规则可能是这样的：

1. 如果一个名词是单数，那么前面需要有冠词或者表示单数的限定词。

2. 如果一个名词是复数，那么需要复数变换。

3. 如果需要复数变换的单词以o，x，s，ch，sh结尾，那么在词尾加es。

4. 如果需要复数变换的单词以辅音+y结尾，那么将y改为i再加es。

比起逻辑语言和规则，图形化的方法可能更能够形象地表示知识。语义网络是一种图形化的知识表示方法。语义网络是20世纪60年代提出的知识表达模式，其用相互连接的节点和边来表示知识。节点表示对象、概念，边表示节点之间的关系。下页图是一个生物学科的语

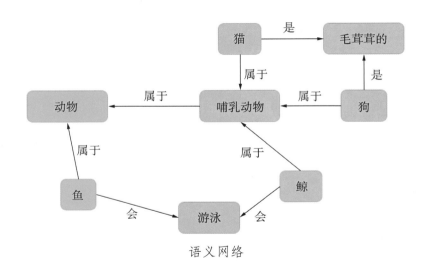

语义网络

义网络的例子。

二、知识的搜索和推理

有了一个好的表示方法之后，如何使用它也非常重要。知识的搜索和推理是在知识表示的基础上，进一步研究问题求解的方法。在一个问题求解的过程中，搜索给出了知识被使用的优先关系，而推理则是知识的具体使用过程。和知识表示一样，知识的搜索和推理也有着许许多多的方法。

搜索决定着问题求解的推理步骤中知识被使用的优先关系。搜索可以分为无信息导引的盲目搜索和利用经验知识导引的启发式搜索。盲目搜索通常只用于求解比较简单的问题，它包括宽度优先搜索、深度优先搜索和等代价搜索等。盲目搜索的效率低，耗费过多的计算空间与时间，如果能够找到一种方法用于排列待扩展节点的顺序，即选择最有希望的节点加以扩展，那么搜索效率将会大为提高。

在许多情况下，能够通过检测来确定合理的顺序，优先考虑这类检测的搜索为启发式搜索（heuristic search）或有信息搜索（informed search）。启发式搜索常由启发式函数来表示，启发式搜索利用得越充分，求解问题的搜索空间就越小。典型的启发式搜索方法有A*、AO*算法等。近几年，搜索方法的研究已经开始关注那些具有百万节点的超大规模搜索问题。

推理是知识的具体使用过程。推理的常见形式有演绎推理、归纳推理和类比推理三种。其中，演绎推理是一般到特殊的过程，即由一个一般性的前提得到一个特殊性的结论。逻辑学中经典的"三段论"就是演绎推理的一个例子：人皆有一死（大前提），苏格拉底是人（小前提），苏格拉底会死（结论）。

归纳推理是由特殊到一般的过程，它是由个别的事实推导出一般性的结论。大卫·休谟曾给出归纳推理的一个经典例子：在我记忆中的每一天，太阳都会升起，所以太阳明天会升起。归纳推理可以分为完全归纳推理和不完全归纳推理。完全归纳推理是指考察了某一类事物的全部对象以后得出的结论，在现实世界中这一假设往往是不现实的，因为我们很难将一类事物的所有对象考察完毕。所以通常使用的归纳推理都是不完全归纳推理。不完全归纳推理给出的结论不一定是完全正确的，但这一结论可以帮助我们做出一些判断，并不是毫无价值的。著名的哥德巴赫猜想就是一个不完全归纳推理的例子。

类比推理是从一般到一般的过程，即根据两个对象在某些属性上相同或相似，通过比较而推断出它们在其他属性上也相同。在生活中我们会经常使用到类比推理这种方法，在学习英语的时候，很多语法概念是类比中文中一些相似的概念进行学习的。如果我们看了一本科幻小说，觉得非常喜欢，就会希望去看更多的科幻类型的小说。类比推理和人工智能的关系十分密切，著名的K-近邻算法，就运用了类比推理的思想，将新数据归到和它相似的那些数据所属的类别。类比推理的另一个成功应用是推荐系统，推荐系统的经典算法协同过滤算法，就是根据用户的购买记录，向用户推荐相似的商品。

第十三章　机器学习

机器学习是让计算机在不被明确编程的情况下运作的科学。

——安德鲁·吴

在《星际迷航》系列电影第一部里，人类制造的"旅行者"号探测器被改造后拥有了收集知识和学习的基本能力，在探索宇宙的过程中积累了大量的知识，最终进化出自我意识，成了一个超越人类文明的智慧生命体。这是人类文明对于机器自我学习的终极美好想象。作为当代专用人工智能的核心技术，本章将主要介绍机器学习的各种流派及其局限性。

"机器学习"这个词起源于亚瑟·萨缪尔1956年在达特茅斯会议上的演讲，他将其定义为"不显示编程赋予计算机能力的研究领域"。我们通常引用的机器学习定义则是汤姆·米歇尔在1997年给出的：一个计算机程序通过利用经验E在任务T上达到了效果的提升，任务T的效果以评价标准P来衡量。这个定义中明确了具体的任务T以及评价标准P，从对任务T的限定不难看出，当代的机器学习方法更接近于专用人工智能的解决方案。

机器学习经典的例子是房屋价格预测问题。假设我们要预测下图所示房子的价格，首先

房屋价格预测

需要若干数据，这些数据中包含了一些可能的房价影响因素，比如房屋的面积，位置，房间数目，附近的交通、设施等。假设有1 000组这样的房屋信息，每组数据都有上述提到的一些影响因素和对应房屋的价格，机器学习的目标就是从这样的一组数据中，寻找到一种内在的模式，来产生预期的输出（房屋价格）。不同的机器学习算法用来提供不同的解决方案，而通过机器学习算法找到的，解决具体问题的"机器"，被称为模型。在训练这一模型之前，需要对得到的数据集进行划分。通常把数据集分为三个部分：训练集、验证集、测试集。我们可以从这1 000组房屋信息中任意地选取700个用作训练集，100个用于验证集，200个用于测试集。

大多数的机器学习算法，都可以分为训练、验证和测试三个步骤。训练就是从已知的经验（训练集）中寻找相应的模式，并用一个合适的模型去表示这个从输入到输出的映射。通常我们会使用不同的机器学习算法，即使是同一个机器学习算法，也可以通过调整某些选项，得到不同的模型。这个选项可以是模型的某些超参数或者选取的输入特征集合、训练的轮数等。在房屋价格预测的例子中，同样使用线性回归模型，可以通过使用不同的输入特征集合，来得到不同的线性模型。

经过训练之后，我们得到了一些不同的模型，那么如何从这些不同的模型中找到最合适的那个房屋预测模型呢？这个对模型进行检查和挑选的过程叫作验证。通过验证集的数据对模型进行验证，把100个验证集中的房屋信息输入这几个模型中，比较哪个模型的输出和真实的房屋售价最为接近。以此为标准挑选出最合适的模型。

最后，在测试阶段，在测试集上对挑选出来的模型进行最终的验证，看看模型能否在已知的影响因素下，给出与测试集中房屋接近的价格。通常会用一些评价指标来衡量这个"接近程度"，在房屋价格预测和类似的回归任务中，使用一个叫作均方差误差（Mean Square Error，MSE）的指标。测试集中的均方差越小，表示预测的房屋价格和真实价格越接近，预测结果也越准确。在分类任务中还有着一些其他的评价标准，比如交叉熵，0-1 loss等。

机器学习领域有很多模型，从简单的回归模型，到复杂的深度学习乃至深度强化学习的模型。不管是多复杂的模型，都可以从这个房屋价格预测问题中，看到机器学习算法的本质：它们将学习过程等同于一个计算过程，在给定的数据上通过空间搜索以及函数泛化，在预设的统计模型上定义输入和输出的映射。

机器学习教材喜欢把算法分为：监督学习、无监督学习、半监督学习和强化学习。这一分类方式主要基于数据的形式（是包括输入和输出还是仅仅只有输入）和收集方式（是否可以一边学习一边收集新数据）的不同，从而对应的学习目标也各不相同。监督学习需要大量的标记数据，即数据中同时包含了输入和输出。使用监督学习解决的两个经典问题是回归和分类。回归是一种统计方法，通过建立数学模型，观察一些自变量并预测感兴趣的因变量。例如，在房屋价格预测例子中需要预测的房屋价格。分类用来确定实体属于多个类别中的哪一个。分类可以是二元分类，比如判断一个邮件是否是垃圾邮件，只有是和否两个选项；也可以是多标签分类，比如对一个短视频进行标签，它可能同时属于好几个类别标签。无监督学习中数据都是没有标记的，我们需要仅仅通过这些输入，找到数据的一个内在模式。无监督学习的一个经典的问题就是聚类。

第十四章 机器学习的不同流派

> 人工智能的关键性问题是其表现形式。
>
> ——杰夫·霍金（Jeff Hawkins）

在机器学习的发展历程中，有五个不同的学派在不同的历史时期发挥各自的作用。这五大流派各有各的特点。从20世纪80年代开始，机器学习五大流派不断演化，各个阶段都有相应的主导流派。

一、符号主义

人是具有逻辑推理能力的，除了知道要做什么之外，还明白为什么要做。而后者是人胜于机器的原因。如果机器也可以完成从原因到行为的推理过程，那么就可以说机器可以像人一样思考。符号主义是让机器模仿人类的思路，用同样的方式去推理。

符号主义是人工智能的先导者，"人工智能"这个术语是符号主义学派在1956年首先提出的。该学派认为人类认知和思维的基本单元是符号，认知过程是在符号表示上的一种运算，其核心思想是对符号的演绎和逆演绎进行结果预测。符号主义基于符号知识表示和演绎推理进行学习，在此基础上结合领域知识发展了启发式算法、专家系统、知识工程理论与技术，在20世纪80年代大放异彩。符号主义的实质是模拟人脑的抽象逻辑思维，通过把知识结构抽象成某种计算机符号，通过逻辑演绎和推理，从而模拟人类的认知过程。符号主义的决策支持系统在今天看来实用性非常有限，但是在人工智能的发展历史上贡献了很多重要的理论。

现代符号主义学派认为人工智能起源于数理逻辑。数理逻辑是数学的一个分支，其研究对象是对证明和计算这两个直观概念进行符号化以后的形式系统。早在17世纪中，已经有哲学家提出形式符号系统的假设，用符号或代数方法来处理逻辑。20世纪涌现了很多关于数理逻辑的基础著作，其中包括罗素和怀特海在1913年出版的《数学原理》。这本著作对数学的基础给出了形式化的描述，由此引发了科学家们将数学推理形式化的尝试。经过图灵等早期科学家们的努力，证明了数理逻辑的局限性，也提出了任何形式的数学推理能在一定限制下机械化的可能性。这是符号主义人工智能的重要思想。

纽厄尔、司马贺和肖1955年的"逻辑理论家"是符号主义的代表性成果，它能够证明《数学原理》中的部分定理，甚至某些证明比原著更加新颖和精巧。这项成果在达特茅斯会议上一度引起轰动，科学家们认识到应用计算机研究人的思维过程的可行性。随着达特茅斯会议被认为是"人工智能"诞生之时，司马贺等人的"逻辑理论家"也被认为是开风气之先。然而它其实还并不是第一个可运行的定理证明程序。"第一"的殊荣当属逻辑学家戴维斯（Martin Davis），他于1954年完成了第一个定理证明程序，而论文成果推迟至1957年才发表。

牛津大学计算机系主任迈克尔·伍尔德里奇认为，符号主义的好处之一是透明性：具备符号主义特征的AlphaGo不但能下好棋，还能解释自己为什么下得好。其二是这种知识水平和人类的语言非常接近。假若AlphaGo无法解释自己下得好的原因，那么它至少能通过这种语言的能力，用句子来表达它的想法。伍尔德里奇同时也指出符号主义的缺陷。其一是把复杂变换成简单符号的过程是非常困难的；其二是推理本身和表述推理过程，目前也是极为困难的。这也是符号主义不流行的原因。

符号主义人工智能的意义在于，符号可能是人类与人工智能沟通的桥梁。符号型人工智能可以解释自己的逻辑，也在一定程度上意味着计算机获得了人类的感受。未来人类跟人工智能沟通的时候，有可能能够理解机器的内部思维逻辑，就像机器"理解"人类逻辑一样。

符号主义的代表算法是决策树算法（Decision Tree）。决策树算法通过树形结构模拟人对概念判定的流程，有着简单、易于实现、可解释性高等优点，至今仍是最常用的机器学习算法之一。

二、 贝叶斯主义

贝叶斯学派的理论核心是贝叶斯定理。贝叶斯定理描述了概率论的一个非常简单的规律，如何使用新的证据修改对某个假设的置信程度，如果这个证据与假设一致，该假设的成立概率就提高；反之置信程度会降低。

如果你对概率论缺乏了解，那么这个置信程度的说法可能会让你觉得有点陌生。从字面意思理解，置信程度就是你对于某件事情发生的确信程度，一般是一个介于0和1之间的数值。与之紧密相关的一个概念是阈值，阈值是一个边界值，高于该阈值事件会发生，低于该阈值事件不会发生。置信程度是一个连续的数值，是相对的，但是在现实生活中往往需要一个绝对的判断。阈值是人为控制的一个标准，这个标准通常是根据经验设定的。

基于贝叶斯学派的方法会从一个假设开始，一般把这个假设叫作先验（Prior）。收集一些证据，并基于这些证据更新这个假设的置信程度，得到的结果称为后验（Posterior）。得到的后验又可以作为先验，这个过程循环往复，直到得到最终的结果。

贝叶斯学派的一个广为人知的重要应用是垃圾邮件过滤器。垃圾邮件曾经长期困扰邮件运营商和用户。据统计，在2005年，用户收到邮件的80%以上是垃圾邮件。但是近年来，我们见到的垃圾邮件越来越少了，这很大程度上归功于基于贝叶斯方法的垃圾邮件过滤器。

首个垃圾邮件过滤器是由David Heckerman及其同事共同设计的。他们用了一个最简单的贝叶斯学习机——朴素贝叶斯分类器。这个方法虽然简单，但是效果却出奇地好。它可以根据新产生的数据（证据），不断调整自己的假设。如果你收到的垃圾邮件越多，那么这个分类器的准确程度就会越高。

朴素贝叶斯分类器中同样有一个假设（先验），这个先验是一封邮件是垃圾邮件，或者不是垃圾邮件的概率。假设现在收到一封新邮件，当我们没有任何证据时，不妨设P（垃

坂）=P（正常）=50%。验证这一假设的正确与否取决于邮件的内容。比如，如果一封邮件中含有"免费""促销"等字眼时，将提高该邮件为垃圾邮件的置信程度；如果一封邮件的署名部分出现了你朋友的名字，将降低被判断为垃圾邮件的置信程度。邮件中出现促销这个词，需要计算后验的置信程度P（垃圾|促销）=P（促销|垃圾）P（垃圾）/P（促销），如果这个置信程度高于某个阈值，该邮件即被认为是一封垃圾邮件。贝叶斯学习机制还广泛应用在其他领域，比如自动驾驶的大脑中就配有贝叶斯学习机制。

三、 联结主义

加拿大心理学家唐纳德·赫布（Donald Hebb）提出的赫布定律（Hebb's rule）是联结主义的基石。联结主义这个名字来源于一个信念——知识是存储在神经元的联结之中的。赫布定律可以被简单描述为：一起放电的神经元联结在一起（Neurons that fire together wire together）。

赫布定律来源于心理学和认知科学，其对于大脑如何建模的理解自然而然地引起了联结主义对于学习过程建模的发展。生理学家麦卡洛克和数理逻辑学家皮茨创立的神经元模型，是这个领域的最早工作。一个McCulloch–Pitts神经元本质上是一个逻辑门电路，根据有效输入的数量和一个阈值来判断是否被激活，如果这个阈值是1，那么这个神经元可以模仿OR运算，如果这个阈值是所有的输入神经元数量，那么这个神经元模仿的就是AND运算。一个McCulloch–Pitts神经元还可以阻止其他神经元被激活，从而模仿OR运算。这样的一个神经元组成的网络实际上可以执行任意的计算机运算。

但是，这样的一个神经元网络实际上并不会学习。如果可以把神经元之间的连接变成可以学习的权重变量呢？这就是感知机算法。1950年，康奈尔大学心理学家弗兰克·罗森布拉特发明了感知机。在感知机中，一个正权值代表一个兴奋性连接，一个负权值代表一个抑制性连接。如果其输入量的加权和高于界限值，那么会输入1；如果加权和小于界限值，那么输入0。这个权重是可以学习的。感知机是生物神经细胞的简单抽象。其中权重对应了生物神经细胞中的突触，偏置对应了阈值，激活函数对应了胞体的激活。

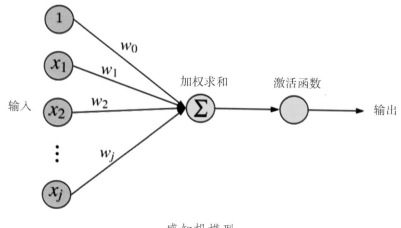

感知机模型

感知机是现代神经网络的雏形，对机器学习历史的影响是巨大的。一个感知机就是一个简单的单层前向神经网络。尽管形式简单，但是可以对一些复杂的英文字母图像进行概括和归纳。但是，感知机算法也有着很多的局限性，比如不能解决简单的异或和其他线性不可分的情形。尽管弗兰克·罗森布拉特、马文·明斯基和西摩·帕尔特等人在当时已经了解到多层神经网络能够解决线性不可分的问题，但是他们并没有在此基础上及时地提出多层感知机算法，随着一些批评的出现，联结主义的发展长期陷入停滞。

霍普菲尔德教授在1982年和1984年发表了两篇重要论文，提出用硬件模拟神经网络，联结主义才得以重新抬头。1986年，鲁姆哈特等人又提出多层网络中的反向传播（BP）算法。此后，联结主义势头大振，从模型到算法，从理论分析到工程实现，为神经网络走向市场打下基础。21世纪以来，深度神经网络已经成为最受欢迎的算法之一，在之后的章节中将有更多的介绍。

四、进化主义

进化主义起源于生物进化学。进化主义的核心思想是对进化进行模拟，它们擅长使用遗传算法和基因编程。进化学派认为所有形式的学习都源于自然选择：如果自然选择造就我们，那么它就可以造就一切，我们要做的，就是在计算机上对它进行模仿。

霍兰德（Holland）是遗传算法（genetics algorithms）的先驱，他提出的"遗传算法的基本定理"被认为是这个领域的基础。在霍兰德还是美国密歇根大学的研究生的时候，读到了罗纳德·费希尔（Ronald Fisher）的论文《自然选择的遗传原理》，这是第一篇从数学角度解释进化主义的论文，费希尔对基因进行了简单的独立性假设。霍兰德敏锐地察觉到这一假设为后来的研究者留下了很大的研究空间。如果每个基因是独立的，那么它们的各种变种会很快地收敛到一个最优适应点上。但如果这些基因之间可以进行交互，寻找最优适应点的过程，就会复杂很多。霍兰德发现研究基因的交互可以发展为一个算法。

"物竞天择，适者生存"是达尔文提出的进化论的核心思想。其中，"适者"在遗传算法中表现为一个适应度函数的形式。给定一个候选程序和要达到的某个目标，通过一个适应度函数计算出一个数值来表示这个程序对指定目标的完成度。在达尔文的进化论中，"适应"是一个更加复杂的概念，尽管翅膀对飞行这个目标的适应是直观的，但是整体生物的进化目标往往是复杂的。然而，在机器学习算法中，这个目标就没有那么复杂了，要知道我们在讨论的都是专用人工智能的算法，计算机要达成的目标一直只有一个。比如要用遗传算法解决垃圾邮件的分类问题，那么，对垃圾邮件的识别率为60%的算法就比识别率为50%的算法要好。在这个场景下，这个适应度函数计算的就是垃圾邮件的识别率。

类比于自然界的DNA序列，遗传算法中的每个候选算法都可以通过一串由0和1组成的序列进行编码，具体的编码方式取决于问题的结构。在这个过程中，新的变体可以通过不同的方式产生，一个最简单的方法是点变异，表现为这个0—1串的某一个位置被随机地替换。

霍兰德认为，一种更为强大的变体产生方式来自两性繁殖。在遗传算法中，这种方式被称为交叉，在交叉的过程中，两个不同的染色体（父母）根据交叉概率（cross rate）按某种方式交换其部分基因，这种交叉方式可以是单点交叉，也可以是其他的交叉方式。下图展示了一个单点交叉的基本过程，交叉过后可以得到两个新的变体，我们称之为后代（offspring）。

单点交叉

经历了选择、交叉、变异这些过程，随机初始化的计算机程序相互竞争，相互交配，一代又一代地繁衍，最终向着需要解决问题的一个完美算法的方向进行演化。和费希尔提出的简单算法相比，遗传算法无疑是一个巨大的突破。

最初，遗传算法的研究者主要是霍兰德和他的学生们，然而在1983年，几乎同步于神经网络的复苏，人们对于遗传算法的热情陡增。第一个关于遗传算法的国际会议于1985年在匹兹堡召开。在这之后，在最基本的遗传算法的基础之上，各种各样的变体纷纷被提出，有些是从生物学进化论的角度，试图更精确地描述生物种群的进化过程，还有一些则是朝着完全不同的发展方向。

下图是佛蒙特大学的Josh Bongard研发的基于遗传算法的"海星机器人"，这个机器人能够模拟感知身体的各个部分，并进行连续的建模；还可以检查到自己身体某部位出现的损伤，从而调整模式，继续运作。

海星机器人

五、行为主义

控制论之父——维纳

行为主义学派认为人工智能源于控制论。反馈是控制论的基石，没有反馈就没有智能。

行为主义最早来源于20世纪初的一个心理学流派，认为行为是有机体用以适应环境变化的各种身体反应的组合，具体的行为反应取决于具体的刺激强度，因此，他们把"S-R"（刺激-反应）作为解释人的一切行为的公式。行为主义的理论目标在发现刺激与反应之间的规律性联系，从而预见和控制行为。

1948 年，诺伯特·维纳在《控制论》中指出："控制论是在自控理论、统计信息论和生物学的基础上发展起来的，机器的自适应、自组织、自学习功能是由系统的输入输出反馈行为决定的。"维纳第一次将这一心理学的观点引入到计算机控制理论中来。

行为主义人工智能与之前提到的其他人工智能算法的最大区别在于，它不关注内在结构或是内在组织和属性，以及它们是如何完成一系列任务的。行为主义把智能的研究建立在可观测的具体的行为活动基础上。行为主义主要强调对象与环境之间的关系。

研究对象和环境的关系，首先要把对象从环境中分离出来，也就是要明确什么是对象，什么是它的环境。对象和环境之间有两种作用，一种是输入，一种是输出。输入是环境以某种方式使对象产生变化，而输出则是对象以某种方式使环境发生变化。行为主义的研究重点是研究对象的各种可能输出，特别是这种输出与输入的种种关系。所谓"行为"，就是对象相对于它的环境做出的任何变化。

早期的研究工作重点是模拟人在控制过程中的智能行为和作用，如对自寻优、自适应、自镇定、自组织和自学习等控制论系统的研究，并进行"控制论动物"的研制。到20世纪60～70年代，上述这些控制论系统的研究取得一定进展，播下智能控制和智能机器人的种子，并在20世纪80年代诞生了智能控制和智能机器人系统。行为主义是20世纪末才以人工智能新学派的面孔出现的，引起许多人的兴趣。这一时期行为主义的一个重要应用是强化学习算法，之后的章节将介绍这个算法。

思考与实践

3.1 找一个生活中专用人工智能算法的应用，分析其原理，并找出它属于哪一个学派。

第十五章　深度学习

> 辛顿已经建立了一个更好的阶梯；但是更好的阶梯不一定能让你登上月球。
>
> ——加里·马库斯

如果在百度搜索框中输入"深度学习"这个关键词，大概会有成千上万的结果跳出来，每一个听上去都那么有吸引力。

深度学习被认为是通向人工智能的重要一步，很多机构都把目光投向深度学习。2013年3月，杰弗里·辛顿和他的两位研究生被谷歌公司雇用，以提升现有的机器学习产品并协助处理谷歌日益增长的数据。谷歌同时并购了辛顿创办的公司DNNresearch。同年12月，脸书宣布雇用扬·勒丘恩为其新建的人工智能实验室的主管。而在国内，各大公司也纷纷成立自己的人工智能实验室，展开深度学习的军备竞赛。深度学习是各大学计算机科学专业最热门的课程，成千上万的研究经费和风险投资流向这个领域。

实际上，深度学习并不是一个全新概念。"深度学习"这个词，事实上是对起源于20世纪的"带有多隐藏层的多层感知机"的古老概念的重新解释。2006年，辛顿等人提出了基于深度置信网络（DBN）的非监督贪心逐层训练算法，并称之为深度学习。随后的十年时间内，有赖于计算能力的增长和海量的训练数据，神经网络这一古老的技术以"深度学习"的名字被重新研究，并能够用于解决更多的任务，出现了卷积神经网络、循环神经网络、对抗网络等一系列具有代表性的方向。相比于古老的神经网络技术，这些新提出的模型有着更好的表达能力，也具备了一定的可解释能力，在图像识别、语音识别、自然语言处理乃至图像生成等领域有着广泛应用。

深度学习是联结学派的一个代表工作。深度学习通常指至少含有一个隐藏层的人工神经网络，通过多次非线性操作来学习具有多个抽象层次的数据特征，它被广泛地用于有监督学习、无监督学习、半监督以及强化学习等领域。其基本思想是模拟计算机"大脑"中的多个互连细胞，使它能够从环境中学习，识别不同的模式。

一般的机器学习算法通常只能解决比较简单的任务，在复杂一点的情形中，比如处理图像这种高维数据上，效果就没那么好了。深度神经网络理论上可以解决任意复杂函数的拟合，在许多复杂任务中表现出非常强大的能力。虽然许多机器学习算法，比如梯度决策树等，在数据竞赛中表现出很强大的能力，很多人以此来作为深度学习不是最优的证据，但是事实上不得不承认，深度学习在很多任务上是不可取代的。

深度学习算法本身存在着一些问题，许多研究方法也在积极地解决这些问题。深度模型通常有着百万甚至上亿级别的参数，训练一个这样的模型是困难的，通常存在过拟合和训练代价高的问题。过拟合现象在深度学习这样的复杂模型中尤其常见，因为深度学习中的隐藏层会对非常罕见的数据模式进行建模，这些数据模式可能只是一些数据噪声，不会在测试数据中出现。在训练过程中可以使用权重递减或者稀疏等方法，以减小过拟合现象。另一种较晚用于深度神经网络训练的正规化方法是丢弃法（dropout regularization），即在训练中随机丢弃一部分隐藏层单元来避免对较为罕见的数据进行建模。

关于训练代价高的问题，反向传播算法和梯度下降法由于实现简单，是神经网络训练的通用方法，但是这类算法的计算代价很高，特别是在深度神经网络规模比较大的情况下，需要耗费很大的时间和计算资源。小批量训练，即将多个训练样本进行组合，而不是每次只用一个样本进行训练，被用于加速模型训练。另一个非常重要的方法是使用GPU来提高并行度，由于矩阵和向量计算非常适合使用GPU来并行实现，给深度学习带来了很大的效率提升。

深度学习会选择去无条件相信训练的数据，并不会去判断什么是对的，什么是错的，什么是真的，什么是假的，什么是公平的，什么是不公平的。虽然人类有的时候也会被一些假新闻所欺骗，但人类在一定程度上还是具备判断真假的能力的。

深度学习只能建模相关关系，不能建模因果关系，比如疾病和其症状之间的因果关系。并且可能在获取诸如"兄弟姐妹"或"完全相同"等抽象概念时面临挑战，缺乏进行逻辑推理的能力，而且远没有具备集成抽象知识，例如物品属性、代表和典型用途的信息。

深度学习遇到的另一个问题是可解释性的问题。深度学习可以成功地建模输入和输出之间的关系，从而在很多问题上都能取得很好的结果，但是深度学习的参数量，以及提取和组合特征的方法会导致它的不可解释性。这个特点限制了深度学习在很多领域的应用。例如，应用深度学习模式来衡量一个犯人的狱中表现，从而判断是否应该减刑或刑满释放，如果预测结果出了非常严重的偏差，将无法确定在这个决策过程中是哪一步、哪一个参数出了问题，也无法做出针对性的调整。即使深度学习是正确的，但是在遇到法律质询的时候，它也没有办法为自己的决策做出解释。

在机器学习中，很多算法是可解释的，以符号主义中的决策树模型为例，模型每做出一个决策，都会通过一个决策序列来展示这个决策的所有因素，比如"上课不听讲"+"不写作业"+"打游戏"="考试低分"。同时，通过判断决策树模型中基于信息论的变量筛选标准，我们也可以更加理解在决策的过程中是哪些因素的作用比较显著，比如发现"不写作业"这个因素的作用比其他两个变量的作用要大得多。近年来，有很多工作尝试从各种角度来解决深度学习的可解释性，一个有意义的探索方向是把深度学习和符号主义结合。比如，深度学习与决策树算法结合起来，从而提高深度学习的可解释性。

要达到通用人工智能这一目标，深度学习仍然缺乏诸多重要的能力，主要问题是灾难性遗忘。对于深度学习算法而言，连续学习是非常困难的。在学习新知识的时候，神经网络会对之前已经学习好形成结构的知识进行破坏性的遗忘。与神经网络形成鲜明对比的是人类和其他动物能够以连续的方式学习，比如，哺乳动物的大脑可能会通过大脑皮层回路来保护先前获得的知识，从而避免灾难性遗忘。即使进行了后续其他任务的学习，这些增加了的树突棘能够得到保持，以便几个月后相关能力仍然得到保留。

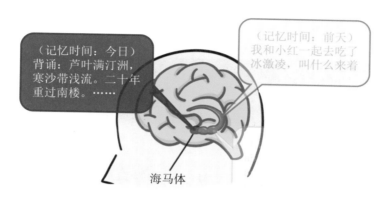

深度学习的灾难性遗忘

与之紧密相关的另一个问题是深度学习缺乏快速学习的能力。深度学习的成功依赖大量的数据，其在从没有见过的样本或场景下的表现非常糟糕。人类可以迅速地学习一些新任务，而深度学习却不具备这种快速学习的能力。比如在机器人控制的场景下，一个机器人可能通过大量的数据，成功地学会如何拿起一个瓶子，但是如果现在要学习如何拿起一个杯子，它就会需要重新开始。生活中，每天都会遇到大量的新样本、新场景。一辆自动驾驶汽车可以行驶数百万千米，不排斥有可能会遇到一些没有经验的新事物，深度学习没有办法在这样的场景下得到应用。连续学习和快速学习，是通用人工智能必须具备的两个特性，深度学习在这两个方面的缺陷像一堵"高墙"，阻挡了人工智能往通用化的方向前进。

虽然深度学习取得了许多令人印象深刻的成功，但它只是机器学习的一小部分，只是人工智能的一个领域。未来的人工智能应该探索超越深度学习的其他方式。

思考与实践

3.2 可解释性是深度学习遇到的一个非常重要的问题。文中提出了一些深度学习可解释性的解决方案，你能想到还有什么方法可以提高深度学习的可解释性？

第十六章　深度强化学习

> 深度学习+强化学习=人工智能。
>
> ——David Silver

　　强化学习是行为主义的一类机器学习方法。强化学习擅长解决序列决策问题。在每个时间，智能体都会接收到一个状态，并根据这个状态，遵循一定的策略做出一个动作。环境会对这个动作做出相应的反馈，给出一个奖励，并根据这个动作，转移到下一个状态。这个过程被描述为"马尔可夫"过程。与有监督学习和无监督学习的目标不同，在这个过程中，智能体的优化目标不是某个即时奖励，而是在整个交互过程中的长期累积奖励。

　　深度学习擅长做非线性的拟合，理论上可以拟合任意的非线性函数，而强化学习善于做决策。如果说深度学习是认识世界的强大工具，那么强化学习则可以通过决策和规划，来改变这个世界。这二者结合，可以发挥出巨大的作用。深度强化学习是由谷歌的DeepMind团队提出，并发扬光大的一个算法框架。

　　2013年12月，DeepMind在NIPS上发表了《Playing Atari with Deep Reinforcement Learning》，这篇论文提出的Deep Q-Learning Network（DQN）算法结合深度卷积神经网络和强化学习的技术，仅仅接收视频游戏的像素作为输入，在雅达利游戏"打砖块"上达到了超越人类的水平，打响了深度强化学习的第一枪。下图展示的是雅达利游戏中的"打砖块"，人类玩家或者AI

雅达利游戏"打砖块"

用底部的红色横板接住上方的红色球，撞击并消除上方的墙，直至消除完毕。由于动作简单，有及时反馈，这个游戏非常适合检验深度强化学习的效果。AI玩打砖块的成绩，可以达到专业人类玩家最好成绩的四到五倍。

2015年，DeepMind在《Nature》上又发表了改进版的DQN，运用经验回放、目标网络等技术改进DQN的收敛性问题。这篇文章展示了改进版DQN算法在包括Breakout在内的49款游戏上的表现，并在其中的23款中取得了超越人类水平的成绩。在"打砖块"游戏中，与人类水平的差距进一步提到了10倍，而在"乒乓"游戏中甚至达到人类水平的25倍。

从下图中可以看出，DQN算法擅长解决一些游戏问题，比如刚刚提到的"打砖块"，而在其他一些游戏中表现则不理想。比如"蒙特祖玛的复仇"游戏，在这个游戏中，玩家在达到最终的目标（找到金字塔里的宝藏）前，必须完成很多次级的小目标。这个游戏的反馈不像"打砖块"那么实时，神经网络拟合的价值函数在这种情况下很难学习，所以不适用于这类游戏。

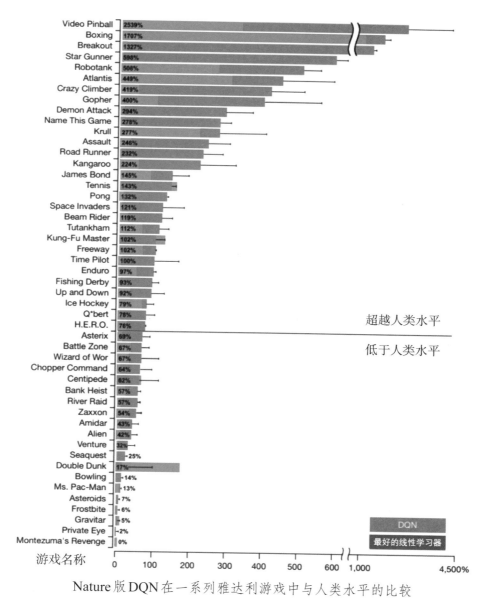

Nature版DQN在一系列雅达利游戏中与人类水平的比较

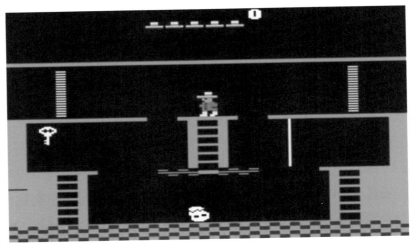

雅达利游戏"蒙特祖玛的复仇"

深度强化学习的成功最早是在雅达利游戏中实现的。雅达利是深度强化学习算法天然的试验场。在2016年发布的强化学习开发工具包OpenAI Gym中，集成了多个强化学习环境，其中就包含雅达利游戏。

提到深度强化学习，不得不提大名鼎鼎的AlphaGo在围棋领域的成功。2016年3月，AlphaGo与围棋世界冠军、职业九段棋手李世石进行了一周的对弈，并以4∶1的比分取得胜利，这是计算机程序第一次在围棋领域击败人类，这一对弈引起了世界性的关注。紧接着，DeepMind在《Nature》发表了有关AlphaGo的论文，揭秘AlphaGo背后的秘密是基于人类专家棋谱的监督学习和自我对弈的强化学习的一个结合。AlphaGo非常重要的一个技术是基于深度学习的策略网络、价值网络与蒙特卡洛树搜索。

从2016年末到2017年初，AlphaGo以大师的身份，在中国围棋网站弈城网和野狐网上，取得接连胜利，击败了15位世界冠军。2017年5月，在中国乌镇围棋峰会上，战胜了世界排名第一的世界围棋冠军柯洁，以及由五位世界冠军组成的围棋团队。在2017年发表的进阶版

AlphaGo与柯洁对弈

AlphaGo Zero，无须人类专家棋谱的监督学习，完全通过自我对弈中的深度强化学习训练，进阶版比原版更智能更强大。在GoRatings网站公布的世界职业围棋排名中，AlphaGo等级分曾超过排名第一的棋手柯洁。从崭露头角时大家的怀疑态度，到被围棋界公认为超过人类职业围棋顶尖水平，AlphaGo只用了不到两年的时间。

AlphaGo在围棋领域的超神表现，将深度强化学习和其背后的DeepMind带进了大众的视野，AlphaGo成为人工智能的代名词，掀起一阵深度强化学习的研究热潮。

继接连在雅达利游戏和围棋取得突破之后，DeepMind又把目光投向了"星际争霸"。"星际争霸"和"星际争霸2"是史上最困难、最成功的两款游戏，包含复杂的多层次游戏机制。和围棋相比，这个游戏被认为更加接近"复杂的现实世界"。

2019年1月25日，DeepMind在伦敦举行线上直播，公布了10局"星际争霸2"的比赛录像，有两名职业玩家都以0∶5的比分，输给了AlphaStar。和AlphaGo zero一样，AlphaStar也是基于深度强化学习的算法，由于需要对游戏输入的复杂长序列进行建模，包含了一个Transformer网络、一个深度LSTM网络核心、一个带有指针网络的自动回归策略头，以及一个中心化的评分基准，如下图。

DeepMind"星际争霸2"线上直播

直播结束之后，DeepMind宣布AlphaStar已经升级为更高级的版本，并向2018年"星际争霸2"世界锦标赛巡回赛奥斯汀站亚军、世界顶级神族选手之一的MaNa发起挑战。在比赛中，MaNa采取了一边骚扰，一边积攒混合部队的战术，战胜了最新版本的AlphaStar。AlphaStar在面对骚扰这种重复性行为时判断失误，浪费了大量的资源。

从雅达利游戏到"星际争霸",可以看到深度强化学习在游戏领域的巨大进步,但是在"星际争霸"中的失利,也说明了这个攻克的过程并不是一帆风顺的,还有很多的路要走。除了在游戏领域之外,期望看到深度强化学习在更多现实任务上的突破。

思考与实践

3.3 谈到深度强化学习的成功必然离不开游戏。为什么强化学习总是在游戏场景下进行?你觉得强化学习还可以用在什么地方?

第十七章 元学习

> 至刚易折，上善若水。
>
> ——老子

大家知道，深度学习和基于深度学习的强化学习，它们的成功非常依赖海量数据和强大的计算资源。每遇到一个新任务，都需要重新收集大量的数据和耗费很多的计算资源，从头开始训练。

在现实生活中往往会遇到许许多多新任务，大部分任务都没有足够的经验数据，有一些新情形可能是现有数据中从来没有出现过的，现有的深度学习乃至深度强化学习算法很难在这类情况下应用。深度强化学习在游戏上取得显赫成功，很大程度上是因为，在游戏场景获取大量样本的代价是相对比较低的。可以让学习算法在还没有学得很好的状态下，随机地去和游戏引擎发生大量的交互，这个交互耗费的只是计算资源。但是现实生活中的很多问题没有办法提供这种无限的交互。举个例子，在推荐系统场景下，如果用一个还没有学得很好的学习算法去和真实的用户交互，会直接导致用户体验的下降，给平台带来巨额的损失。

人类比这类算法强的地方就在于，人类具备快速学习的能力。比如现在的深度学习算法，往往需要成千上万的图片进行训练，才能实现一个成功的人脸识别算法。可是对于人类来说，有的时候只需要看一遍就能记住了。再举个深度强化学习的例子，在"星际争霸"游戏中，一些AI积累经验的用时相当于人类玩200年的时间，而对于一个人类玩家来说，掌握相同水平的技能显然远小于这个时间。

为什么人类会具备快速学习的能力呢？举个简单的例子，婴儿学习说第一个词往往需要非常长的时间，需要家长一遍一遍地重复，直到婴儿能够正确地模仿这个词的正确发音。可是，一旦学会了第一个词，第二个、第三个就非常快了，不需要从零开始，也不需要重复教很多次。快速学习的关键是利用以往的经验，可以在学习以往的任务经验中提炼出这些任务共有的学习模式，从而在一个新的任务上利用很少的样本和计算成本，进行快速调整，并随着更多数据应用而不断适应。

元学习（Meta Learning），或者叫做学习如何学习（Learning to Learn），是解决快速学习问题的一个解决方案。元学习最重要的思想是从以往的经验中学习。现有的深度学习算法不太擅长利用以往的经验进行学习。在面临一个新的任务时，大部分情况下，只能从头开始训练一个神经网络模型，直接从其他训练好的模型进行微调（finetune）的效果一般不会很好。一个标准的深度神经网络模型缺乏持续学习或者增量学习的能力，因为它们一般很难遗忘或者破坏掉已经学到的模式。

最早的元学习法可以追溯到 20 世纪 80 年代末和 90 年代初。近年来，元学习再次成为热门话题，出现了很多的相关论文。内容主要是在现有的深度学习和深度强化学习基础上，学习如何利用更少的样本和训练资源，改进深度神经网络的训练方式。下图展示了元学习的一些重要内容。

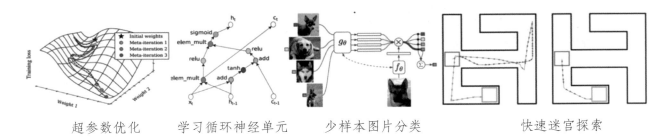

| 超参数优化 | 学习循环神经单元 | 少样本图片分类 | 快速迷宫探索 |

元学习有很多不同的实现方法，最基本的思路是从以往的任务中，学习"学习"的过程，这个"学习"的过程一般来说就是神经网络训练的过程。关于这个训练过程主要有两点可以学习：一是神经网络的初始化参数；二是优化器的参数。在元学习的过程中，有两个层次的模型需要学习。一个是用来训练每个人任务的神经网络，这是一个底层的模型，叫作学习器（learner）。和这个底层模型的训练有关的参数，比如上面提到的初始化参数和优化器参数，会用一个高层模型来学习，通常叫作元学习器（Meta-learner）。

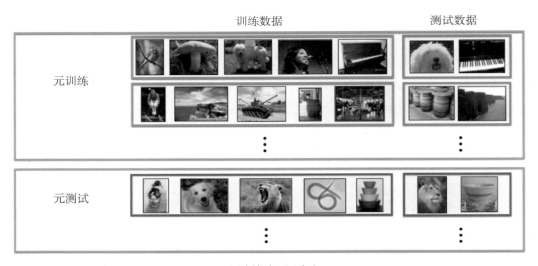

元训练和元测试

传统的机器学习把很多的数据分成训练集和测试集，一个模型会在训练集的数据上进行训练，然后测试其在新数据上的表现。在元学习中，一个学习任务对应的是传统机器学习中的一个数据。元学习器会在大量的学习任务上进行训练，然后测试这个元学习器在新任务上的表现。以上页图所展示的少样本图片分类的任务为例子，在每个类别给出很少的几个样本的时候，测试通过元学习器指导学习出的学习器能否根据这些有限的信息对新类别的图片做出准确的分类；在见过很多不同的迷宫之后，如果见到一个新的迷宫，能否通过短短的几次试错，迅速地穿过该迷宫。在新任务上的快速学习能力是元学习的目标。下图是一个元学习算法的例子，只需要提供每个类别的一张图片，元学习算法就可以学出一个分类器，将任意的图片分到这些类中的某一类。

基于元学习算法的分类器

从传统的机器学习到能够实现复杂高维映射的深度学习，再到做连续复杂决策的深度强化学习，人类在专用人工智能的道路上已经取得了不错的成绩。

元学习作为一种快速学习的方法，是实现通用人工智能道路上非常重要的关卡，数据科学家们已经取得了一些初步的进展，解决同一问题的方式也是五花八门、层出不穷，并且还在快速发展当中。然而，现在的元学习研究大多是在人为定义好的试验场景上进行，很少在真实问题上取得像在深度学习和深度强化学习中那样突破性的进展，而且只能解决一系列高度相似的子任务。如何把这种方法在更多真实场景中落地应用，解决深度学习方法无法解决的新场景问题和数据缺乏问题，依然是当前努力的目标。

如何把这种快速学习的能力，进行最大程度的泛化，乃至学习一种通用的、解决任意任务的学习方式，从而实现真正的通用人工智能，我们还有很长的路要走。

第4部分
通用人工智能——AGI

从原始社会的蒙昧到成为万物的主宰，人类从"敬畏神明"到现在开始有意地将自己刻画成"神明"一样的角色——创造人工智能。自人工智能概念诞生以来，其终极目标是让机器学会像人一样思考，像人一样学习。这种能够让机器拥有这样自主学习能力，能够表现出类人智能的技术，我们称之为通用人工智能（Artificial General Intelligence，AGI），这也是人工智能研究最早所关注的热点。

经过早些年的发展，大家逐渐意识到实现通用人工智能问题的复杂性，从而使得对于通用人工智能的直接研究逐渐远离人工智能的研究重心，专用人工智能转而成为主要的研究对象。目前生活中所接触到的一些涉及人工智能方面的工业级应用和研究，都是围绕着专用人工智能展开的。它们的关注点都在如何解决某个具体任务、某种具体问题上，比如给图片分类、识别语音指令等。

这种专用人工智能手段通过为每种单独的任务设计不同的 AI，实现确定的功能或者完成特定的任务，看起来挺不错。然而事实是，由于现实环境中问题的规模和种类成千上万，而且很多实际问题又是多个子问题的复杂组合，使得这种专用人工智能方法变得不那么具有普适性质。比如自动驾驶，它需要解决的问题包括：提前规划好前进路线；对路上行人车辆以及障碍物进行实时检测；让人类方便快捷地进行实际操作等。解决这些问题，需要依赖的技术包括路径规划、跟踪检测、人机交互以及其他人工智能技术。要将这些原本分离的技术综合成一个整体是一件不那么容易的事情。况且在很多实际问题中，如何去定义子问题、子任务，其本身也是一个相当困难的问题。在此之上，还需要学习并建立这些子问题之间的联系更是难上加难。当然，早期的通用人工智能研究手段曾往这个方向探索过，比如第五代计算机，不过最后还是无疾而终。

必须承认，人工智能概念诞生的几十年来，通用人工智能基本上没有任何实质性的进展，但这阻挡不住人类依然想要创造它的决心。人们在人工智能领域进行有关通用人工智能的研究，类似于爱因斯坦在后半生努力想要建立统一场论。在人工智能领域，我们一直希望有一种统一的建模方式来描述所有智能行为背后的原理，这也是人们进行通用人工智能研究的最根本目的。早期的通用人工智能研究可以说是百花齐放，各个科学领域都能看见进行通用人工智能研究的影子，包括数学、神经科学、认知心理学以及其他一些领域。

目前在现实生活中，基本上接触不到任何有关通用人工智能的实际应用。对大多数人而言，它仍旧只是一个理想而已。可能我们能够接触到的通用人工智能最多的途径是通过科幻

电影或者科幻电视节目，比如施瓦辛格主演的《终结者》系列、《超能查派》、《西部世界》等。当然，这些类型的电影，在观众展现未来世界机器智能的成功应用之外，也向大众或多或少透露了一个关键信息——人工智能危机。

2015年上映了一部中文译名为《超能查派》的电影，讲述世界第一个自我觉醒的人工智能机器人的故事。主人公"查派"是一个具有人类意识和超人学习能力的机器人，他的这种能力给人类社会的安定带来了恐慌。而在2017年上映的《西部世界》系列，则更是毫无保留地表现机器智能的觉醒，甚至反客为主，想要统治人类社会。科幻电影纵然不是对目前实际生活的写实，但是依然能够给人们警醒：通用人工智能的研究是否应该继续？如何让通用人工智能不至于失控？

随着科学技术的快速发展，人类社会走入"第三次工业革命"，人工智能技术越来越成熟，使得人们对人工智能的发展前景也越来越自信，通用人工智能又逐渐成为社会的热点话题，特别是很多主流的科技公司，常常把建立通用人工智能作为发展方向。当然在发展的同时，各方保持着谨慎的态度，或者明文规定该领域的禁忌，或者成立专门的监督机构来约束这一领域的规范发展。希望通用人工智能研究能够行稳致远，再创佳绩。

《超能查派》电影剧照

第十八章 定义通用人工智能

> 我们可以想象出一个人工智能的世界，在这个世界里我们的生产力更强大、我们更长寿、我们有更清洁的能源。
>
> ——李飞飞[1]
>
> 我们能够比较轻松地对通用人工智能给出一个概括性的描述：构建拥有自主学习能力以及类人智能行为的机器智能。但想要真正了解通用人工智能，不能只是停留在这种高度概括的总结性语句之上，了解什么是智能，了解它的发展历史，对我们进一步研究通用人工智能有更深层次的意义。

一、简谈 AGI

在一定程度上，当代专用人工智能的研究初衷和创造通用人工智能的根本意愿是一致的，之所以研究专用人工智能，是因为创造通用人工智能可以通过先独立地解决一个个专门领域下的子问题，再将这些独立地专用人工智能技术组合起来，就可能得到通用人工智能的解决方案，而且这在直观理解上似乎是对的。然而实践经验告诉人们，它并不像看起来那么简单，也不像人们通常认为的那样正确。到目前为止，有很多这样类似的构建通用人工智能的集成方案，但没有一个是行得通的。

如今人工智能领域的绝大部分研究，都是在关注如何设计一个能够在专用领域实现智能的程序，即专用人工智能，比如在医疗诊断、自动驾驶、语音识别以及人脸检测等方面的应用。作为AI领域最初的研究焦点，通用人工智能由于问题以及实现方法的复杂性，导致前期越来越多的AI研究者开始放弃进行直接的AGI研究，转而进行专用人工智能的研究，从直接攻克的策略转而采用逐个击破的策略。除了这个原因以外，也因为通用人工智能的研究越来越被人怀疑不那么具有"科学"性质，具体来讲，很多研究者都认为这种做法无异于想要制造一台永动机，属于天方夜谭。

永动机是一类所谓不需外界输入能源、能量或在仅有一个热源的条件下便能够不断运动并且对外做功的机械。不消耗能量而能永远对外做功，违反了能量守恒定律，故称为"第一类永动机"。在没有温度差的情况下，从自然界的海水或空气中不断吸取热量而使之连续地转变为机械能，违反了热力学第二定律，故称为"第二类永动机"。

然而，把建立通用人工智能和建造永动机这两件事等同也是不准确的。因为通用人工智能和永动机不一样的地方在于，后者被公认的物理定律严格否定，而通用人工智能似乎在

---

1 李飞飞，美国斯坦福大学教授、斯坦福大学人工智能实验室与视觉实验室负责人。

永动机

所有已知的科学研究领域被证明是可能的。所以有很大一部分研究者认为，通用人工智能就像纳米技术一样，也许"仅仅是一个工程问题"，它肯定是一个非常困难的问题，现在觉得不可能只是因为我们的工程技术手段还不那么成熟，需要花上更多的时间来证明它的可行性。

通常来讲，大部分实现人工智能的方法都可以被归类到下列分类之中：(1)符号主义，(2)符号主义和概率论，(3)神经网络方法，(4)进化算法，(5)人造生命，(6)程序搜索，(7)嵌入式，(8)集成方法。历史上，大多面向通用人工智能的项目都采用了"符号主义"人工智能这类技术。其中，通用问题解决器（General Problem Solver）是一个著名的例子。此外，世界上最著名的符号主义人工智能项目——Cyc，这个诞生于20世纪80年代中期的人工智能项目试图编码所有信息。类似的，同样秉承着"传统人工智能"的精神，艾伦·纽维尔著名的SOAR（State Operator And Result）项目曾经的目标是，想要创造达到人类水平的通用人工智能系统，但现在已经退回到实现一个用于有限领域的认知科学理论的实验系统。此外，其他的通用人工智能框架，如ACT-R框架也是对人类心理活动建模的一次雄心勃勃的尝试，它主要集中在对人类认知方面进行建模。和SOAR项目不同的一点是，因为ACT-R使用概率框架，所以在思想上比SOAR更接近现代通用人工智能的研究方法。

许多人认为，尽管ACT-R是一个很好的工具，可以在相对简单或者应用面较窄的任务上较好地达到人类智能水平，但它没有包含足够的创造性认知机制，通俗来讲，就是缺乏举一反三的能力。朱迪亚·珀尔（Judea Peral）提出的贝叶斯网络是一种概率图模型，能够描述事件之间的概率和相关性知识，从而使得我们可以结合概率方法解决问题。

另一个重要的历史尝试是日本第五代计算机系统工程，它的目的是通过"碎片集合"的方式创造真正的通用人工智能，即之前反复提到的，把很多专用人工智能技术，以及计算机技术通过特定方法集合起来，形成一个通用人工智能系统。然而这个项目注定要失败，因为它只是使用纯工程的方法论，像拼图一般把不同的部分拼接在一起，而缺乏一个基本的核心理论去解释为什么它具有智能。现在很少有人提到这个项目，因为在研究者们看来，许多人工智能研究社区似乎从第五代人工智能的经验中吸取了错误的教训：集成通用人工智能这条路是行不通的。

在经历了一段时间的探索以后，人们总结出了通用人工智能的一些特点：相较于专用人工智能，它更强调完整的人类认知能力，并且能够从与环境的交互中实现连续学习，而不仅具备在特定问题上的智能。

从理论上讲，通用人工智能可以完成几乎所有的学习目标，包括学习这件事情本身。评价一个智能系统是否通用的标准并非唯一，但普遍来讲，一个通用人工智能系统需要满足以下几个条件：

■ 推理：推理能力在人类学习过程中也很重要，它指的是在遇到新的任务或者事件时，利用现有的知识，做出相应的判断和事物分析。

■ 知识表征：知识表征指的是信息在人脑中的存储和呈现方式，是个体知识学习的关键。在人类学习过程中，人们都是根据自己对知识的不同表征而选择相应的学习方法和应用方法。在人工智能领域，类似的，我们也需要找到或者制定一种方便它理解的知识表示形式，以便其能够对学习到的知识进行表征。

■ 规划：就像人类为了达成未来某些目标会去制定一些计划，规划能力强调的是人工智能系统对未知事件的预测以及协调能力。

■ 连续学习：连续学习一直被视为实现人工智能的关键。目前基本上所有的人工智能技术的实现步骤都是：收集数据，在离线数据集上训练模型，线上测试，同时不断重复这个过程。我们希望通用人工智能能够改变这一点，所谓连续学习是让人工智能系统能够应对动态的环境问题。因为目前的机器学习、深度学习模型基本上都是假设输入和输出数据的分布不会随着时间而变化的，但实际上这样的假设很难成立，实现连续学习，是让人工智能系统更好应对实际情况的关键。

■ 使用自然语言交流：让人工智能系统使用自然语言交流，是让其走向类人化的重要一步。

换句话说，通用人工智能的智力水平应当要和人接近，能够学习并掌握新的知识技能，并将其综合运用。从技术上看，通用智能的核心是归纳。比如胡特（Hutter）在2000年提出的通用智能模型AIXI，其核心其实就是索罗莫洛夫的通用归纳模型，然而他的AIXI模型目前还没有一个实际可用的算法。

二、什么是智能

在真正了解通用人工智能之前，我们首先需要再对智能做一个比较清晰的解释，了解智能是怎么一回事。

智能在心理学上被广泛研究，它通常被理解成两种事物的组合，即智力和能力。从心理学角度来看，"智"指进行认知活动的某些心理特征，即获取知识时某些心理活动特征；"能"则指进行实际活动的某些心理特点，即在实际活动中运用所学到知识的心理特征。换句话说，所谓智能，其实就是获取和应用知识的两种能力，并且表现出智能的个体能够进行独立思考和推理。

和智能相关的另一个重要的观点是通用智能（general intelligence）的存在，它指的是在多个领域获取和应用知识的能力，与智能相比，它更强调一种综合性，或者说"不偏科"的能力。例如，在口语测试中表现良好的人，可能也会在其他测试中表现良好。基于通用智能这种观点，心理学上一个测试智能的经典量化方法被称为g-factor，即使用一个数字来描述通用智能的强弱，有点类似于IQ测试中的智商得分。不过这种量化方法颇具争议，并且有很多心理学家都对是否有一个通用的测试能够真正测量人类智能持怀疑态度。

通用智能的几个主要元素

对于这种智能量化方法，有一个很著名的理论不得不提，那就是霍华德·加德纳（Howard Gardner）的多元智能理论。多元智能理论认为人类智能在很大程度上可以被分解成很多特殊智能，比如有些人擅长语言学习，有些人擅长逻辑分析，有些人擅长演奏各种乐器，还有些人在运动或者人际交往方面更有天赋等。然而，从广义上看，人类智能又并非那么"通用"，因为人类智能的很大一部分其实都是和自己生活经历相关的，换句话说，每个人能够精通的知识技能是有限的，他不可能什么都会。相信大部分普通人都不会进行素数的开根运算，而要完成这种任务，通常需要求助于专业人员，比如数值计算方面的专家或者计算机，毕竟和人类相比，计算机更擅长数值计算。而人类脑中的神经电路更擅长处理视觉、声音、语言以及一些平常的社交活动。在这些方面，人类的效率要比计算机高得多。

和加德纳不同，心理学家罗伯特·斯滕伯格（Robert Sternberg）将智能分成三个方面：成分智能、情境智能和经验智能。成分智能指的是人们具备使其智能化的特定技能；情境智能指的是思维在特定情景中的理解和实践，以及选择和修改语境的能力；经验智能是指通过经验来思考学习和适应环境的能力。

具体来讲，成分智能是指个人在问题情境中运用知识分析资料，通过思维、判断推理以达到问题解决的能力。它包含有三种机能成分。一是元成分（meta components），是指人们决定智力问题性质、选择解决问题的策略以及分配资源的过程。例如，一个好的阅读者在阅读时，分配在每一段落上的时间是与他要从该段落中准备吸收的知识相一致的。这个决定就是由智力的元成分控制的。二是执行成分（performance components），是指人实际执行任务的过程，如词法存取和工作记忆。三是知识习得成分（knowledge acquisition components），是指个人筛选相关信息并对已有知识加以整合从而获得新知识的过程。

情境智能是指个人在日常生活中应用学得的知识经验，解决生活实际问题的能力。例如，在不同的文化中，人们应对日常生活实际问题的能力是不同的。区分有毒和无毒植物是从事狩猎、采集的部落的人们的重要能力，而就业面试则是工业化社会的一种重要情境智力，他们的情境智力是不同的。

经验智能是指个人运用已有经验解决新问题时，整合不同观念所形成的创造能力。例如，一个有经验智力的人比无此智力的人能够更有效地适应新的环境；他能较好地分析情况，用脑筋去解决问题，即使是从未遇到过的问题。经过多次解决某个问题之后，有经验智力的人就能不假思索、自动地启动程序来解决该问题，从而把节省下来的心理资源用在别的工作上。有些人能很快做到，有些人却难以做到这一点。这种能力就称为经验智力。

放在AI领域来看，这些理论能够帮助我们将人类智能以及通用人工智能系统所需要具备的能力总结如下：

- 以与人类无关的非限制性方式解决通用问题的能力；
- 能够非常有效地解决特定领域和特定环境中的问题；
- 使用更通用和结合各种专用智能方法的能力；
- 从环境中持续学习的能力；
- 能够更好地解决新问题，从而获得新的学习经验。

那么，在计算机科学领域，我们是如何定义或者测量智能的呢？有一个非常著名的实验不得不提：图灵测试。所谓图灵测试，即是将让机器（A）和一个人类（B）分别与另一个人（C）进行对话，C需要对与其交谈的对象A和B做出判断，即对方是机器还是人，如果A能够在很长一段时间内欺骗评估者，那么它就通过了测试。

图灵测试要求一个人工智能程序能够采用基于文本对话交互，来模拟人的智能行为。然而重点在于，我们相信图灵测试是一个充分但是不必要的智能测试标准。所以，有一些人工智能理论甚至都不考虑把图灵测试当成检验通用人工智能的充分测试手段，比如约翰·罗杰斯·希尔勒提出的中文房间实验。

这个实验是这样设置的：一个不懂中文的人被锁在一间具有中文符号计算法则或者计算机程序的屋子里，外面的人将一些汉字和汉字的处理规则（以屋内人能理解的语言写成）传入，屋内人根据得到的处理规则对这些汉字进行处理并返还给屋外的人，使后者误以为他会

图灵测试

房间里的人一定
会流利的中文

中文房间实验

说流利的中文。

约翰·罗杰斯·希尔勒（John Rogers Searle）是一位在加州大学伯克利分校执教的哲学教授，他在对语言哲学、心灵哲学和理智等问题的探讨方面做出了重要的贡献。此外他还讨论了社会制造的现实和物理现实的特征以及实践推理的观点，他认为机器就是这样工作的：它们无法真正地理解接收到的信息，但可以运行程序，处理信息，然后给出让人们认为是智能的印象。

通过"中文房间"实验他想要表达的观点是：人工智能永远不可能像人类那样拥有自我意识，所以人类的研究根本无法实现通用人工智能的目标。即使能够满足人类各种需求的通用人工智能，也与自我意识觉醒的通用人工智能之间不存在递进关系。因此，人工智能可以无限接近却无法超越人类智能。

希尔勒的观点不无道理，但从另一个角度来看，他又是错的。虽然房里的人不懂中文，处理规则或程序也不懂中文，如果把这间房子看成是一体的话，我们可以认为这个房间是懂中文的，或者说它是具有"语言智能"的。这就相当于构成人体的细胞和人的关系，单看每个细胞，每个器官，我们不能说它是智能的，但作为细胞整体的人，对外部的表现却是智能的，你能说不是吗？

思考与实践

4.1 联系实际，从智能的角度，想想现有机器翻译以及对话系统的一些缺陷，你认为是什么因素导致这些缺陷产生的呢？

三、人工智能完备

在对智能这一概念有一定体会之后，我们再来看看实现通用人工智能的条件或者评判标准。人们将对于计算机来说最困难的问题，非正式地称为"人工智能完备"（AI-complete）或者"人工智能困难"（AI-hard），以此说明解决这些计算性问题就相当于解决人工智能的核心问题——让计算机和人类或者强人工智能一样聪明，甚至超越人类智慧。

人工智能完备表明了一种观点，即一个通用人工智能系统是无法通过简单的特定算法来解决的。它至少需要结合多种不同的技术，比如通用计算机视觉技术、复合自然语言理解技术来帮助通用人工智能系统理解视觉信息，并将其以人类语言的形式表达出来。此外，还需要包括在解决任何现实世界问题时能够处理意外情况的多种能力。但是目前的AI系统只能解决简单的具有限制性的人工智能问题，当研究人员试图扩大已有系统以处理更复杂的现实情况时，程序往往因为没有常识性知识以及对现实情况缺乏了解变得过于"脆弱"。而且，现有的AI系统通常只能在原始问题背景下表现良好，在其他类似问题上表现得不尽如人意，这在专用人工智能研究中几乎是一个普遍的问题：在某一个任务上训练好的模型不能很好地应用在另一个相似的任务上。这好比人类在处理突发情况时，我们知道接下来会发生什么，能够对事情的发展做一些推理，也能够针对这些异常状况做出相应的调整，而机器却不能。

我们可能会在生活中接触到体现人工智能完备问题的一些具体事例，比如出国旅行由于语言障碍，有时候会求助于翻译软件。如今能接触到的翻译软件基本上都是"人工智能"产品，背后涉及的原理被称为机器翻译。而机器翻译便算是一个经典的人工智能完备问题。

首先，如果要让机器能够准确翻译语言和文本信息，它必须能够理解文本，必须能够理解创作者的思想，因此它必须具备一定的推理能力以及广泛的人类知识，以便知道正在讨论的内容。同时，它必须至少熟悉普通人类翻译所知道的常识。这些知识中的一部分是可以明确表示的事实形式，但是一些知识是无意识的并且与人体密切相关。例如，机器可能需要理解海洋如何让人感觉到美好或者恐惧，除了准确地翻译特定的隐喻在文中的含义之外，它还必须对作者的目标、意图和情绪状态进行建模，以便用新语言准确地再现它们。简而言之，机器需要具备各种各样的人类智力技能，包括理性、常识知识、运动与操纵、感知和社会智能的直觉。因此，机器翻译需要强大的AI技术支持，是一个人工智能完备问题。

第十九章 AGI的不同形态

> 人工智能的关键性问题是其表现形式。
>
> ——杰夫·霍金斯

当今有关人工智能研究最活跃的领域或者说直接的关联学科应该是计算机科学，但其他领域学科知识在实现人工智能研究的过程中也起了很重要的作用，分别给予了直接或间接的影响。通用人工智能领域的研究是跨领域的，包含数学、神经科学、心理学、语言学、计算机科学等等。虽然通用人工智能的共同目标是实现完全人类智能，但是在不同的学科领域，具体的做法却不尽相同，对这一问题解决方式的思考途径也是不同的。

一、 实用逻辑与通用人工智能

历史上，研究人工智能的一个重要方法是利用形式逻辑。形式逻辑意在使用形式化的方法来描述思维形式。我们可以通过一些例子来了解什么是形式化逻辑：

- 所有商品都是有价值的；
- 所有金属都是有光泽的；
- 所有帝国主义都具有侵略性质。

从上面三个例子，我们能有直接的体会:(1)形式逻辑借助具体对象来描述具体思维形式，所描述的事物具有确定性;(2)通过借助组合的形式逻辑，我们能够进行一定程度的逻辑推理。

但是，在人工智能研究中，我们想让AI处理的很多问题都带有一些不确定性，所以经典的形式逻辑很难在通用人工智能系统中发挥作用。因为它没有一种自然的方法来处理问题中的不确定性，而且很多命题的成立因为统计数量的不同，可能结论也会不一样。另外一个问题是组合爆炸，即虽然一条形式逻辑可以描述一件事物，但有些事物的描述，需要从更宏观的角度，也就是结合多种形式逻辑的描述（组合描述）。而这样的描述方式的组合通常又是成百上千的，并且它似乎没有伴随任何自然的"控制策略"来避免这个问题。

解决上面所说问题的可行方法是实用逻辑，即基于传统的形式逻辑，融入不确定性，使得修改后的逻辑框架，拥有通用人工智能系统所需的更多灵活性和流动性。处理逻辑中的不确定性有许多不同的方法，比如可以从概率的角度来描述这一不确定性。当然，在传统的谓词逻辑中也有处理不确定性的方法，比如将关于不确定性的陈述视为与其他任何陈述一样的谓词。然而，有许多种逻辑在更基本的层面上包含不确定性。为了能够处理更低层面的不确定性，模糊逻辑、概率逻辑都提出过自己的解决方法。模糊逻辑将模糊真值附加到逻辑语句中，概率逻辑则将不确定性与概率分布一一对应，之后章节介绍的Cyc系统便是基于这些实用逻辑方法。

二、 神经科学与通用人工智能

神经科学和人工智能之间的关系，被认为是同源分流。在早期人工智能领域，研究者主要将生物神经系统作为研究参照，进而创造出近些年为人工智能研究者津津乐道的深度神经网络架构。然而，如今的主流人工智能研究方式与神经科学似乎很难再找到交集，主流人工智能研究采用的是数学推理+计算机模拟，而神经科学认为一个通用人工智能系统应当是人脑结构的模拟，其主要的理论背景依赖于神经科学和生物学，关注点都在生命科学以及神经科学领域，所以有着不太一样的研究对象和方法体系。神经科学侧重于了解生物学意义上的神经活动规律，从而解释思维、情感、智能等高级神经活动的发生机制，意识起源是神经科学的终极研究目标。从研究方法上看，神经科学是一门以归纳自然现象为主的实验科学。

人工智能的研究在创造出一些基本的神经网络架构之后，没有和神经科学有更多的交集，人工智能领域开始逐渐建立起自己的一套数理逻辑系统。广义来看深度神经网络这个工具，它仍然只是一个函数模拟器。人们到目前为止也还不能很好地解释为什么深度神经网络可以模拟一切函数，但却依然是个"黑箱"。于是人们又开始相信，创建人工智能的可靠方法是在数字模拟中将人脑在原子水平上完全复制。这对大脑扫描仪和计算机硬件的要求远远超过了目前的技术水平，如果我们将脑扫描仪和计算机硬件的研发进度曲线绘制出来，会发现这种方法预计在2030年至2050年左右才可能实现。

事实上，神经科学家也认为，如果没有对生物本原的完全认知，人工智能中的"智能"概念只能是个"黑箱"，人工智能的研究只能停留在模仿和记忆阶段，需要将神经科学与人工智能技术相结合，构建一个类似于模拟人脑结构的系统，这样对于推动通用人工智能的构建是很有意义的。

我们不得不承认的是，目前生物学和神经科学领域的发展还不足以支撑起这一点，人类对于生物智能和神经系统之间的关联理解还停留在认知结构这一层面，要对生物智能有一个完全认识还有很长的路要走。

三、 认知心理学与通用人工智能

乍一看，可能人工智能与认知心理学之间没有什么联系，而实际上，自从1956年人工智能的概念被提出来，心理学家们就开始参与人工智能的研究了。人工智能领域早期的开拓者司马贺既是心理学家也是计算机科学家，2019年图灵奖得主之一、深度学习的奠基人辛顿也是实验心理学出身。如今的人工智能领域，越来越多的科学家开始觉得可能需要把认知科学与人工智能融合，才会是一条出路，蛮力计算虽然很不错，但是依然摆脱不了当下的困境：工具可以被使用但是无法解释。这也是目前深度学习框架的一个主要问题。而让人工智能和认知心理学相结合，可能会让人工智能的解释性变得更强。

相比较完全模拟人脑结构或者神经系统的突触活动，认知心理学强调的是模仿人类思维而不是人类大脑的具体实现。在认知心理学领域，研究者认为智能的表现属于一种外在行为，所以一个通用人工智能系统只要能够表现出和人类一样的行为，那它就可以被称为通用人工智能系统。在了解认知科学与通用人工智能的关联之前，让我们来看看什么是认知心理学。

认知心理学起源于20世纪50年代，作为一个跨学科的科学分类，它至少涉及六个学科：心理学、语言学、神经科学、计算机科学、人类学以及哲学。广义上，认知心理学研究人类的高级心理过程，即主要研究注意、知觉、表象、记忆、创造性、问题解决、语言和思维等问题。狭义上，它又相当于当代的信息加工心理学，即采用信息加工观点研究人的认知过程。

认知心理学的发展一般分为两个阶段。第一代认知心理学的特点是注重心智的可计算性，认为人的心智是可以被计算的，也就是说心智可以通过某种算法执行。我们可以通过构建各种算法为人类的心智活动建模，甚至是意识也可以被建模。心智可以很容易地表现在机器行为上，以至于认为计算机也可以有人一样的心理和意识。这种把"人类智能"和"人工智能"完全等同的做法，模糊了心智和物质的界限，阻碍了认知心理学的发展。第二代认知心理学认为探寻心理活动规律需要从人脑活动中进行，而不是强行把它与计算机的程序执行作类比。要研究认知过程，必须了解身体的反应过程，离开身体行为谈认知是不科学的。在心理学研究中，有一门研究具身认知的新兴研究领域，其具有代表性的具身认知理论，指明生理体验与心理体验之间存在着强烈的联系，生理体验会让心理感觉有一个直接的体现，比如开心时会微笑，而微笑这一举动，也会让人的心情趋向于开心。当然，在明确具身的重要性的同时，我们还需要注意环境的影响，因为人的各种活动都是产生于一定的情景的，身体不能脱离环境而存在。认知、身体、环境是一体的，认知存在于大脑，大脑存在于身体，身体存在于环境，它们都是相互影响、相互作用的动态发展过程。人的心智源自身体而不是冰冷的机器，自然会受到生理的约束。

认知心理学家认为，思考与推理在人类大脑中的运作模式和程序在计算机上运作的模式类似，而且认知心理学也时常谈到输入输出、表征、计算与处理这些概念。一般而言，认知心理学通过评估行为来推测认知机制，涵盖大量与认知机制相关的细节，同时还设计了很多实验来证明这些机制，随着深度神经网络解决具体问题的能力达到或超越人类水平，认知心理学的研究方法将与人工智能的黑盒问题越发相关。

认知心理学关注思考与推理过程，并不关注内部心理过程，因为人们不能直接观测到人内部的心理活动，却可以从外部观察到的现象来推测心理过程。举个例子，一位语言学家来到某地区，当地人使用的语言和语言学家使用的完全不同，于是语言学家向一位当地人学习本地语言。此时，正巧有一只兔子从他们身边跑过，当地人脱口而出"gavagai"，语言学家开始推测这个词的意思。

这个词的意思存在很多可能，比如"兔子"、"白色的东西"。语言学家如何选择正确的意思呢？这也是人工智能研究者很想要知道的一个答案。

在目前人工智能的研究中，有很多实际的研究成果正在把认知科学与人工智能结合起来，虽然大部分专注的是专用人工智能的研究，但是也有一部分研究开始往通用人工智能方面拓展。

受到认知心理学的启发，2018年，DeepMind的一篇名为《Machine Theory of Mind》的论文构建了一个心智理论的神经网络ToMnet，来研究机器的认知过程和人认知过程的差别，并且通过一系列的实验验证ToMnet具有一定程度的心智能力。

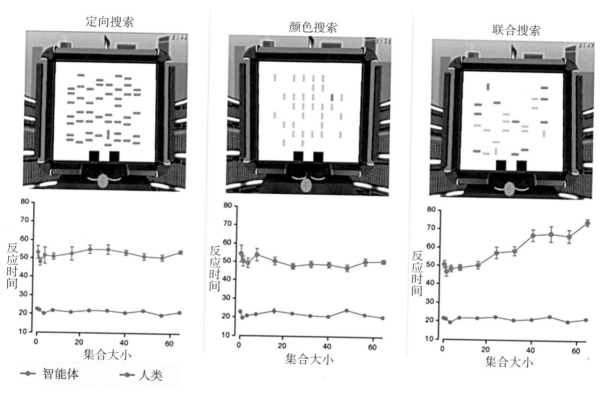

人类和智能体在Psychlab上进行视觉搜索任务时反应时间的差异

在上图三种情况下，人类的反应时间各不相同，而智能体的反应时间则相同。这说明当识别的东西有干扰时，人的注意力会被分散，而机器的注意力则较为单一。因此若要说机器人具有心智能力，和人的认知差异并不小，正是这种显而易见的差异，给发展机器认知心理学指出了新的方向。

除了以上列出的几种，还有很多其他的方法论，比如能力派方法论、功能派方法论、原则派方法论。能力派方法论主张以解决问题的实际能力来描述通用人工智能系统，然而"解决问题的实际能力"本身就不是一个能够很好界定的问题；功能派方法论认为智能是诸如感觉、推理、学习、行为、交流、问题解决等认知功能的综合，在计算机中分而治之地实现这些功能就能够实现智能，这种思想和目前主流的 AI 研究一致，但问题在于如何将这些分离的应用结合起来；原则派方法论则认为智能是可以被规则化的，能够用数学形式来表示和推理。

第二十章　AGI研究历史与现状

> 让物质具有生命。
>
> ——李·克罗宁

历史上研究AGI的途径大概分为五种，即前面提到的：符号逻辑、语用逻辑、对人脑和思维的模拟、集成方法以及通过创造生命的形式来创造通用人工智能。下面来看看历史上这几种不同途径的代表性研究成果，以及现阶段AGI的研究进展。

一、雄心勃勃的符号主义

历史上大多数雄心勃勃的面向AGI的项目都采用了符号化人工智能范式。

（一）一般问题解决器（GPS）

一般问题解决器（General Problem Solver，GPS）是由司马贺、J.C.肖和纽厄尔三人于1957年创建的一个计算机程序，基于司马贺和纽厄尔的关于逻辑机的研究，属于符号主义人工智能。原理上，任何形式化的符号问题都可以用此程序解决，例如定理证明、几何问题以及国际象棋对抗。GPS是第一个将待解决问题的知识和策略分离的计算机程序，它将认知心理学和通用人工智能结合在一起，试图解释计算机的智能行为。GPS也是人类"利用模拟程序形式表示"理论的产物，其研究和相关的理论框架对后世的认知心理学有着深远的影响。

下面流程图展示的是GPS的执行原理。在当年，编程还是属于非常困难的事情，所以作者创建了一种新编程语言——IPL，以便更有效地编程实现GPS。即便如此，GPS还是一个非常复杂的软件。今天，我们可以使用现代语言（例如Python）以非常简单的几行代码重写GPS

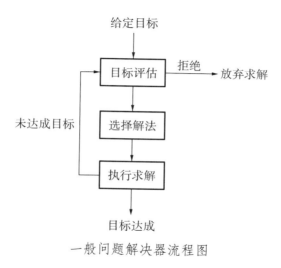

一般问题解决器流程图

的基本部分。正如从GPS的执行原理图上看到的那样，它只是一次次去尝试用不同的方法来解决给定的问题，而这一尝试过程有时候是很耗费时间的，所以就解决问题的"普遍性"而言，GPS的实际效果是非常有限的。

GPS也有它擅长的部分，即在解决一些简单问题，比如汉诺塔（Towers of Hanoi）问题以及密码算法时，会显示出它简单和易于理解的特点，但是这些并不是真正的通用智能问题，即这些问题都不涉及"让机器学习"这个概念。换句话说，GPS的工作原理是把一个普通的目标——比如解决一个难题——分解成子目标。然后，试图通过解决子目标来解决原始的问题，如果必要的话，将它们进一步分解为更小的部分，直到子目标足够小，可以通过简单的启发式直接处理。虽然这一基本算法在规划和目标满足时可能是必要的，但GPS所采用的刚性限制了人们能够成功处理问题的种类。

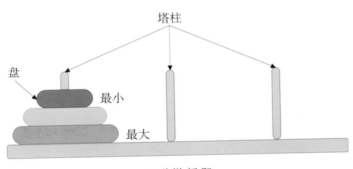

汉诺塔问题

其实GPS在后期逐渐演变成了另一个通用人工智能系统：SOAR，它仍然是一个声称具有模仿认知能力的系统，以类似于人类认知和类似时间框架的方式解决复杂问题，我们会稍后来介绍SOAR这一通用人工智能系统。

（二）最长期的 AGI 项目：Cyc

20世纪70年代末，一种关于逻辑技术的新说法开始流行。这种观点认为人的能力来自对知识的运用，如果让智能体获得应用人类知识的机会，即让智能体拥有足够多的人类知识储备，那么智能体就可以代替人类解决问题。这听起来有点像在构建"中文房间实验"的那个密闭大房子。1984年，微电子与计算机技术公司（MCC）的Douglans Lenat将这一想法付诸实践，他试图构建一个全面的人类知识库，涵盖关于世界如何运作的基本概念和"经验法则"等常识，并且将这上百万条知识编码成机器可理解的形式，即二进制形式的知识体系描述，这个项目被称为Cyc。为此，研究人员还专门为Cyc项目设计了一种基于一阶关系表示的专有程序语言CycL。Cyc关注的知识更多的是那些很少被形式化或用自然语言描述的东西，精要但不琐碎。这与人们可能在互联网上找到或通过搜索引擎或维基百科检索的事实形成鲜明对比。Cyc的目标是使AI应用程序能够执行类似人类的推理行为。1986年，Douglas Lenat预测如果想要完成Cyc这样庞大的常识系统，将涉及25万条规则，并要花费350年才能完成。如

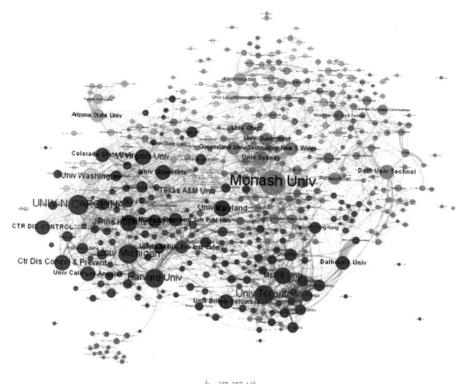

知识图谱

此长期的项目，后来在1994年被从MCC独立出去，成立专门的机构关注和研究。

迄今为止，Cyc项目大部分的工作仍然是以知识工程为基础的，即运用现代科学技术手段高效率、大容量地获得知识、信息，而且大部分基础事实是通过手工添加到知识库中，并在此基础上进行高效推理的。在Cyc知识库中，所表示的知识形式被描述成一种关系网络，比如当提出"树是否会死亡"的问题时，Cyc的推理引擎会结合已有的知识，如"每棵树都是植物"、"植物都会死亡"来进行推理，并得到正确的结论。这个过程其实和我们知道的知识图谱工作方式非常类似。2008年，研究人员将Cyc资源映射到许多维基百科的文章上，这使得Cyc与DBpedia、Freebase这类数据集进行链接变得更为容易。

Cyc这样长期的AGI项目，是一个工程性问题，更像是在构建一个具有一定推理能力的人类图书馆。当然，这套系统的逻辑基本上已经被证明是可行的。人工智能知识论的代表人物，1994年图灵奖获得者爱德华·费根鲍姆就曾经认为："Cyc是世界上最大的知识库，也是技术论的最佳代表。"这在当时的环境条件下是有一定道理的。在应用层面，Cyc系统作为一套通用型本体库，可以帮助垂直领域的本体库快速建立，比如医药、金融、企业级服务领域都需要知识结构体系来解决大量问题。Cyc本身也被预估为专家体系，可以解决通用世界中的复杂问题。Cyc曾经衍生出一套恐怖主义知识库，就是通过输入的信息，推理出包括成员、领袖、赞助者、设施、地点、经费等类目的恐怖组织数据网络，发挥了难以替代的作用。其次，Cyc也可以开源其知识库体系，帮助其他智能体训练和成长。以上所有解决的都是小问题。Cyc真正能被国家系统看重的原因，是冀望通过知识的不断输入，从量变引发质变，在某个奇点到来之后，Cyc解决问题的能力将呈现几何级增长，达到了解人类一切知识的"神一样"的存在。

作为世界最长期的人工智能项目，Cyc也被称为是"人工智能历史上最具争议的项目"之一，除了一直支持它的一部分人之外，也有很多反对和质疑的声音，主要的意见包括：（1）系统复杂性：想要构建百科全书式的知识库，却用最笨的方式——用人工添加知识到系统中；（2）知识表示的泛化性、扩展性；（3）对物质概念的解释难以找到合适的描述方式，对属性区分不清晰；（4）系统测试的完备性令人怀疑。

思考与实践

4.2 有人觉得 Cyc 项目和中文房间实验有着很大的相似点，搜集有关 Cyc 项目的资料，你觉得 Cyc 项目最终能够基于足够的知识量而对外体现智能吗？

二、 心理学的尝试：对思维建模

（一） 人类水平认知架构：SOAR

基于GPS（一般问题解决器）的启发，由约翰·莱尔德，纽厄尔和卡耐基梅隆大学的保罗·罗森布卢姆创建了一种称为SOAR的认知架构。它现在由密歇根大学的约翰·莱尔德团队维护和开发。在介绍SOAR之前，先来看看什么是认知架构。

认知架构是通用人工智能的一个研究分支，起源于20世纪50年代，它的目标是创建能够解决不同领域问题的程序，这种程序能够自己形成洞察力，能自己适应新的环境或者判断新的事物，并对此做出反应。和通用人工智能有着相同的愿景，认知架构研究的最终目标也是实现人类水平的人工智能。通常，这样的人工智能可以用四种不同的方式实现：像人类一样思考的系统，能理性思考的系统，像人类一样行动的系统，以及能理性行动的系统。

对于这四种实现方式的合理性范围，人们也有着相应的分析和解释。比如，像人类一样思考的系统虽然会出现一些错误，但只要智能系统造成的错误与人类所犯的错误类似，则它们的错误是可以容忍的。而这与理性思维系统的限定又是相反的。具体来说，理性思维系统需要为任意任务做出一致和正确的结论，即不容许犯错。后两种方式不期望机器能像人类一样思考，关注的只是它们的行动或反应。

每种实现方法之下都有很多种认知框架被研究出来。然而，由于认知没有明确的定义和一般理论，每种实现方法都是基于不同的前提和假设，使得比较和评估不同的认知架构变得困难。很多这方面的论文都试图解决这种不确定性，其中最著名的是SOAR项目和纽厄尔的实用性标准了。

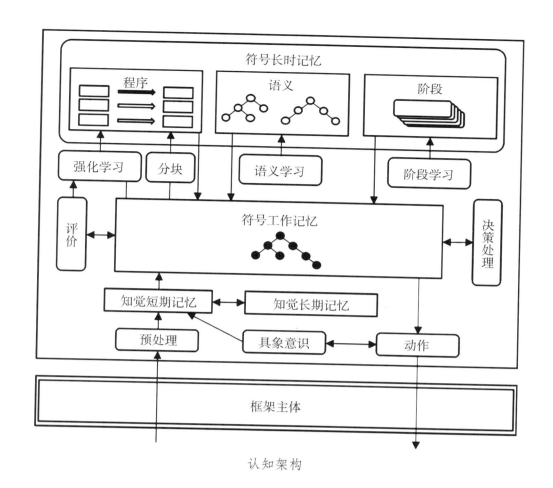

认知架构

在SOAR项目的研究中，纽厄尔试图建立"统一的认知理论"，基于现在已经成为标准的思想：逻辑式的知识表示，通过启发式组合进行的解决问题的心理活动。

通过该研究，司马贺和纽厄尔证明了所有可以符号化表示的问题都能够通过GPS来解决。紧接着，OPS5（Official Production System Version 5）的产生奠定了SOAR语法的基础。在密歇根大学，有了美国国防部和美国宇航局（NASA）对SOAR研究经费的支持，莱尔德团队最终于1982年实现了SOAR。

秉承"传统人工智能"的精神，SOAR项目曾经的目标是为了达到人类水平的通用人工智能系统，但现在似乎退回到建立一个有趣的系统的目标，即这个系统用于实践有限领域的认知科学理论。当然这个系统绝不是彻底的失败，它虽不是为了真正的自治或自我理解而构建的，它仍然是当时同领域内较为先进和成熟且广为认可的认知架构之一，代表着认知架构研究的最高水平。目前，SOAR可以用在多种平台之上，包括Windows、Linux、Mac等，最新的研究已经将SOAR运用在iPhone、iPad等嵌入式设备上。由于SOAR在维护过程中版本不断更迭，编写SOAR的语言也种类繁多，因此，为了后续SOAR的发展，有人用纯Java语言对SOAR进行了重新实现，形成了JSOAR。本书在第五章介绍的认知决策支持系统便是基于JSOAR，由于JSOAR与SOAR只是实现方式不同，但功能一致，因此后面的描述不再对此进行区分。SOAR自1983年第一个版本发布之后，由密歇根大学莱尔德团队不断开发和维护，目前SOAR的最新版本是9.3.2。

（二）心智建模：ACT-R

约翰·安德森

ACT-R（Adaptive Character of Thought-Rational）是一种对人类心理活动、人类认知机制进行建模的框架，由美国人工智能专家约翰·安德森（John R. Anderson）等人建立，其目的在于揭示人类学习并运用知识的思维模式，它的主要研究方向是基于神经生物学的研究成果并加以验证。（从表面上看，ACT-R有点类似于编程语言平台，平台的构建基于许多心理学研究的成果，但基于ACT-R构造的模型反映的是人类的认知行为。）

ACT-R理论起源于人类联想记忆模型理论，起初该理论只涉及陈述性知识的表征以及这些表征如何影响行为，而没有讨论程序性知识。而后，安德森提出了陈述性知识和程序性知识的区别。通过借鉴纽厄尔的思想，他提出程序性知识由产生式规则实现，于是体现程序性和陈述性结合理论的产生式系统模型ACTE问世了。经过7年的发展，他们建立了一个ACT Star的理论，该理论包含一系列关于该系统在神经学上如何实施的假设，以及在物理学上产生式规则如何获得的假设。这个认知系统持续了10年时间，直到安德森在1993年提出一个新的系统ACT-R。该系统反映了过去十年的技术进展，现在已经是一小部分研究团体的计算机模拟工具。该版本系统的关键想法是，在环境的统计学结构下，系统能够给出适应性的表现，知

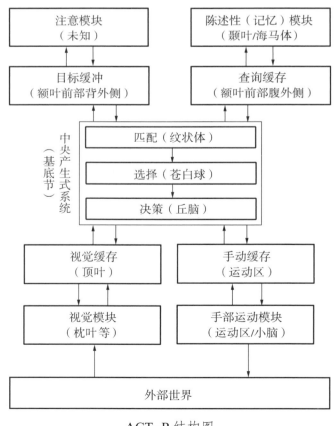

ACT-R 结构图

识的获取和应用过程会随环境发生改变。

ACT-R至今已经经历了好几次版本升级。1998年,《思维的微小组成》(Theatomic components of thought)一书的出版标志着ACT-R 4.0的推出。根据安德森和Lebiere的观点,ACT-R 4.0是ACT-R多个版本中第一个真正实现纽厄尔的理论梦想的版本。纽厄尔确定的统一认知领域,即问题解决、决策制定、常规行为、记忆、学习和技能,ACT-R的前两个领域的认知现象建立了成功的模型。在随后的ACT-R5.0版本中建立起了知觉-动力系统ACT-R/PM,又成功地为第三组领域(知觉和动力行为)建立了模型。

三、AGI 新势力

2004～2007年,在主流AI领域内外,可能是因为深度学习获得的巨大成功,研究通用人工智能系统的呼声再起,有很多重量级的AI研究者提出了通用人工智能议题,出现了一些专著讨论在计算机中整体实现智能的全新的技术和理论方案。

比如Eric Baum在《What is Thought》一书提出一种新理论,认为思想可以被程序化为一种由多个在语义上有意义的模块组合,并且从各个领域中获取丰富的证据来探索这种方法的可行性。Baum的论证也利用了计算机科学的大部分知识核心。

杰夫·霍金在《On Intelligence》中提出了一种称为"皮质理论"的新方法,来研究大脑的工作机制,并讨论大脑与计算机的主要区别。这些基本问题至少在每个接触过人工智能概念的人脑中都出现过。作为受雇于英特尔的一名电气工程师,原本他从事的计算机芯片开发远离大脑研究领域,但他对大脑的工作机制充满好奇。在书中,他提出了皮质理论来解释智力如何在大脑中出现,展示大脑的基本原理与计算机的不同之处,讨论了未来10年如何开发智能机器。

Pei Wang所著《Rigid Flexibility:The Logic of Intelligence》提供了一个设计思维机器(Thinking Machine)的蓝图。虽然人工智能目前的大部分工作都集中在智能和认知方面,但该书描述的非公理推理系统(NARS)项目的设计和开发是为了解决整个AI问题。该项目基于这样一种信念,即我们所谓的"智能"可以被理解和再现为"系统在处理知识和资源不足的同时适应环境的能力"。根据这一思想,作者设计了一种新颖的推理系统,挑战如何建立这样一个系统的所有主导理论。该系统除了执行推理、学习、分类、计划、决策等,作为同一基础过程的不同方面,还为人工智能、逻辑学、心理学和哲学中的许多问题提供了统一的解决方案。这本书是对这个长达数十年的项目的最全面的描述,包括其哲学基础、方法论考虑、概念设计细节、相关领域的意义,以及它与认知科学中许多作品的相似之处和不同之处。

除此之外,一些重量级的AI学术会议,也对AGI的讨论再一次敞开大门,比如2005年的AAAI年会以及2006年的达特茅斯人工智能年会。和几十年前相比,实现通用智能的话题似乎不再让人感觉到是一种禁忌。在2008年之后,又有一批抱着以实现AGI为愿景的研究社群相继出现。

由于深度学习近年来在主流人工智能领域取得了突破性进展，再次点燃人们对"类人"AI的希望之火。"图灵测试已被逾越"的宣称以及AlphaGo在围棋人机对弈中的胜出使得"何为人工智能及如何实现人工智能"讨论成为热点。谷歌和脸书这些有着雄厚研究实力的公司也不例外，都相继成立专门的研究组来关注AGI方面的研究。比如谷歌DeepMind和谷歌研究主要关注如何利用深度神经网络来实现AGI，其中比较著名的是PathNet（一种训练大型通用神经网络的方案）和AutoML（一种为图像分类寻找良好神经网络结构的方法）。PathNet宣称能够实现某种巨型神经网络（giant neural network），并结合遗传算法技术实现大规模的迁移学习。这种巨型神经网络允许参数复用，并且不会遗忘太多东西，如果多个用户训练同一个巨型神经网络，这对通用人工智能而言将是高效的，PathNet也是谷歌在AGI方向上迈出的第一步。

　　能够较好地直观体现通用人工智能的应用领域是RTS（即时策略）游戏，这几年来，包括DeepMind和OpenAI都在一些流行的即时策略游戏上测试过他们的通用智能算法，比如"星际争霸"以及DOTA。

星际争霸与DOTA2

　　其他一些公司，比如位于布拉格的创业公司GoodAI创建了通用人工智能挑战赛（General AI Challenge），该竞赛提供500万美元奖金以构建AGI，由微软和英伟达等公司赞助。挑战的第一阶段基于CommAI环境，这是由脸书的人工智能研究小组创建的、一组具有挑战性的通信任务。微软研究院在2017年重组为MSR AI，专注于"智能的基本原理"和"更通用、灵活的人工智能"。由特斯拉的埃隆·马斯克（Elon Musk）共同创立并主持的OpenAI的使命是"建立安全的AGI，并确保AGI的好处尽可能广泛而均匀地分布"。亚马逊的Web Services也提供了部分资助。除了通过大量研究丰富该领域之外，OpenAI还创建了两个特殊的任务——"体育馆"和"宇宙"，以测试正在开发的AGI的技能。

第二十一章　社会风险与AGI的未来

> 成功创造人工智能会是人类历史上最大的事件。不幸的是，也可能是最后一次，除非我们学会如何规避风险。
>
> ——史蒂芬·霍金

人们对于人工智能研究的期待，最终是希望它能够像人类一样。正是出于这样的期望，人工智能的研究在经过几次低谷之后又转而复生。但人们也不禁会思考，当这样的人工智能出现之后，对人类社会造成的影响会有多深？毕竟，任何事物都会有两面性，在人工智能给人类带来生产力大幅提升的同时，也不免会出现一些失控。到那时，人类是否有足够的能力来控制住这些失控的问题呢？当然，在考虑未来的同时，什么才是实现通用人工智能的有效途径，同样值得探讨。基于目前人工智能领域的研究进展，我们一起来做进一步的讨论。

一、AGI，朋友还是敌人

从1956年起，人工智能经历了60多年的发展，它和我们的生活联系越来越紧密。随着一系列人工智能应用的成功落地，包括AlphaGo取得的里程碑式的进展，我们不禁思考，当AI具有人类思维能力之后，它会带给人类什么？它又将如何影响未来世界？

举个例子，DeepMind或许是当今世界对AGI影响最深远的公司，它开发的AlphaGo系列战胜了人类棋手，并将AI技术应用到多个领域。目前，DeepMind已经在医疗卫生领域取得了多项成果，比如一项名为AlphaFold的计划，能比其他竞争对手更准确地预测复合材料清单中蛋白质的三维结构，这很大程度上为治疗帕金森氏症和阿尔茨海默症等疾病提供了契机。2016年2月，它成立了一个新部门——DeepMind Health，由该公司的联合创始人之一穆斯塔法·苏莱曼（Mustafa Suleyman）领导，他希望创建一个名为Streams的程序，当患者健康状况恶化时，该程序会向医生发出警告。

和人类的发展相比，计算机及AI的发展速度超乎想象。从第一台计算机诞生，到今天计算机普及给社会带来巨大变革，仅用了60年。AlphaGo击败韩国围棋国手李世石，已经证明了AI在围棋上的表现超过人类。当AI会以人类的方式训练自己时，未来的AI将能够在学习和训练中实现自我完善。这样的AI能更多地为人类带来便利，提高人类的工作效率。但也有人认为一旦AI超越了人类智能，会对人类构成威胁，而当它们与人类的目标不一致的时候，后果将无法想象。

历史上的每次技术革命都会带来一定程度的恐慌。18世纪的工业革命和电力的出现曾经引发了一系列的恐慌和社会变革。AI同样也引起了恐慌，一些人可能会失业，武器的杀伤力越来越强,人类对机器的依赖及个人隐私越发不能保证等。

1958年,第一个神经网络系统出现后,有报纸就称机器在不久后会有自己的意识。现在的AI研究已经不再局限于学术界了,很多大企业纷纷参与其中,并从中获利。尽管如此,AI也还只是能够识别物体和理解特定的语言,离拥有智慧还很遥远。有人举了一个形象的例子来描述当前的AI:今天的AI就像在一个大雾天,在一条有一面墙挡着的公路上开车,我们只知道快乐地往前走,直到燃料耗尽。

自从人类进入文明社会后,技术创新一直推动着社会进步。大量自动化机器不断涌现,改变了传统行业,AI也将如此。2014年,联合国呼吁制定与AI发展有关的公约。2015年1月,MIT物理学家马克斯·特格马克[1](Max Tegmark)召集了第一届讨论AI威胁的会议。其中一个核心内容是AI何时能超过人类。有专家认为需要数百年,也有人认为会很快实现。特格马克给出的答案是40年。他指出,现在讨论AI的威胁或许为时过早,但这和原子弹的研究相似,科学家一开始都没想过它对世界的影响,也没有提前采取措施。如果提前想到它可能的威胁,现在的世界会不会是另外一番景象呢?有人认为,AI的威胁很遥远,能够威胁到人类生存的AI只存在于科幻小说之中。AI的行为受人类设计的控制,无论未来怎样,都是人类创造的,因此能够控制。AI对人类的影响还包括对一些职业的冲击。相比于20世纪90年代,波音公司的雇员减少了1/3。从2000~2015年,美国有500万个工作岗位被机器取代。从规模上看,AI给社会带来的影响堪比蒸汽机。以通用汽车的一家工厂为例,在经历了巅峰时代后走向没落,大量工人失业,特斯拉收购该工厂,并迅速将其变成自动化工厂,有1 000台工业机器人在工作。特斯拉的生产效率为每周产出1 000辆电动车。令人惊奇的是,与通用汽车公司的工厂相比,特斯拉生产每辆车的人工是其3倍。这说明工厂自动化非但没有让工人失业,反而带来了新的就业机会。AI会给战争形态带来变化,机器人时代的战争将采用无人机、智能化单兵作战装备、无人驾驶潜艇等,这些军事技术变革能够降低风险、减少伤亡。

2014年,联合国呼吁制定与AI发展有关的公约。自从人类进入文明社会后,技术创新一直推动着社会进步。大量自动化机器不断涌现,改变了传统工业。AI面临着类似的情况。

在很多领域内,计算机能加速解决问题,但计算机在很多看似简单的方面却无可奈何。AI也有类似的问题:AI能够很容易实现80%的预测或分类精度,但很难将精度提高到99%。机器学习十分清楚自己的缺点,精度较低时,AI会与工程师互动。目前,AI使用最多的是"人工参与循环链"模式:在AI不能决定时,人类立即参与其中。过去,人们总认为AI产品离现实还很远,实际上,以AI理念为基础的产品研发远远超出了人们的想象。脸书M(Facebook M)就是这类产品。AI被用来处理邮件并解决相关问题,再将复杂情况交给工程师解决。无人车和自动取款机(ATM)也是。

目前,无人车还离不开人工参与:无人车在正规停车场内可以自动泊车,在顺畅的高速

1 马克斯·特格马克:瑞典裔美国物理学家和宇宙学家。

公路上可以自动驾驶，但在复杂路况下，必须交给人工驾驶；ATM只能处理易于识别的支票和现金，破损的支票和现金必须由人工处理。

在对待通用人工智能对人类社会潜在影响这一问题上，很多研究公司也相继成立监督机构或者约束条款来限制研究边界，避免出现危及人类社会的事件。

OpenAI是一家非营利的研究通用AI的研究公司，它的初衷是创造"安全的AI"，后来它宣布要研究all-in AGI（通用人工智能）。为了继续保证"安全"这一底线，该公司提出了四项原则，并将减少AI研究的公开发表。这四项原则涉及长期安全研究、对人类社会广泛受益、直接的技术领导力以及合作导向等方面。

广泛受益原则：我们承诺利用我们通过部署AGI获得的任何影响，确保它被用于所有人的利益，并避免AI或AGI的使用伤害人的生命，以及能力过度集中。我们主要的受托责任是人性。我们预计需要集结大量资源来完成我们的使命，但我们将始终不懈地努力，尽量减少员工和利益相关方之间的利益冲突，因为这可能会损害广泛的利益。

长期安全原则：我们承诺进行必要的研究，以确保AGI安全，并推动AI社区广泛采用这些研究。

我们担心后期AGI的发展会成为一场军备竞赛，缺乏足够时间实施安全预防。因此，如果一个价值观一致的、关注安全的项目在我们之前接近了AGI，我们承诺放弃竞争并协助这个项目。我们会根据具体情况制定具体的协议，但一个典型的可能性是"未来两年内出现比以往任何时候都更接近成功的机会"。

技术领导力：为了使AGI的影响对社会有效，OpenAI必须要站在AI技术的前沿——单靠政策和安全宣传是不够的。我们相信AI在AGI之前会产生广泛的社会影响，我们在与我们的使命和专业知识直接相关的领域中发挥领导作用。

合作导向：我们将积极配合其他研究机构和政策机构；我们力求创建一个全球性的社区，共同应对AGI的全球挑战。我们致力于提供帮助社会通向AGI的公共产品。今天，这包括公开发表我们的大部分AI研究，但我们预计，由于安全性问题，未来公开发表的研究将会减少，同时增加分享安全、政策和标准研究。

世界知名物理学家马克斯·特格马克曾在《生命3.0》一书中阐述过对于AI安全的简介。从信息角度看，他把生命定义为可以自我复制的信息处理系统，包括硬件和软件部分；而从信息熵的概念出发，生命则是具备熵减能力和结构的"耗散结构"。从这个定义来看，人之外的生物、硬件也符合生命演化的规律。因此，我们把不具备通过学习知识来升级软件系统的生命体，称为生命1.0；而人类，不但个体通过漫长的基因驱动可以进化，最强大的是具备由知识传承产生的"文化"，成为万物灵长，这可称为生命2.0；通用人工智能（AGI）能够超越人类完成一系列复杂任务，并具备通过技术复制演化自身的硬件、软件的能力，这是生命3.0。到现在为止，人类和AI的拉锯战中，AI的水位虽然还没有淹到人类的膝盖，但已经值得警醒。在这本书里，特格马克花了不少篇幅，阐明对人工智能技术，要像比对核武器技术发展还要谨慎的态度。未雨绸缪，他提出AI技术发展首先要考虑三个问题：

- "Powerful"——它有多强大？
- "Steering"——人类怎样控制它？
- "Destination"——应该往什么样的目标发展？

结合人类科技发展的历史，特格马克认为，人类发明了汽车这种技术，后来为了应对由之带来的车祸隐患，又发明了安全带、安全气囊。虽然安全技术在隐患成为现实以后，总能够找到对应的解决方法，但有些技术，如核武器，我们没有一旦用错的对策，人工智能亦是如此。因此他认为，倘若没有很好的控制手段，AGI有可能成为人类自己的掘墓人。

二、 AGI 的未来在哪

麦肯锡全球研究所的分析师预测，按照目前的发展速度，人工智能将在未来12年内获得20%～25%的净经济效益（全球为13万亿美元），在很多领域，深度神经网络的工作成果已经超过了人类专家。那么深度神经网络会是实现AGI的一个预兆吗？ DeepMind的掌门人戴密斯·哈萨比斯（Demis Hassabis）并不这么认为。

哈萨比斯创立的DeepMind是一家总部位于伦敦的人工智能创业公司，公司的使命是将神经科学和计算机科学融合应用在通用人工智能中。到目前为止，在人工智能领域，该公司已经创造了很多振奋人心的成果，比如AlphaGo项目。

不熟悉人工智能的人会以为AlphaGo已经初步具备AGI的一些特征，然而，在2018年的NeurIPS 2018会议上，哈萨比斯表示："我们还有很长的路要走。从某种程度上说，游戏或棋盘游戏其实非常简单，因为各种状态之间的过渡模式非常易于学习，但现实世界中的3D环境和现实世界本身要复杂得多……"

尽管DeepMind取得了令人瞩目的成就，但哈萨比斯并不认为AGI即将来临。他认为人类是通过利用现实世界的内在来进行预测和规划的，这与人工智能系统不同。现在的AlphaGo或AlphaGo Zero与围棋、国际象棋、日本象棋新手相比，在信息方面依然处于劣势。他认为，"这些AI系统首先要学会看，然后才能学会玩。相比算法，人类玩家可以更快地学会玩类似雅达利的游戏，因为他们可以很快地将图案转成像素，然后确定是要往前进还是往后退"。当然，DeepMind也不是唯一一家想要尝试突破如今AI困局的公司，比如OpenAI，一家位于旧金山由埃隆·马斯克（Elon Musk）创立的非营利性人工智能研究公司在最近推出的OpenAI Five，在2018年夏天击败了四名DOTA2职业玩家。然而，它依然难以掌握游戏之外的技能。

现今的AI系统仍然无法以有效的方式将一个领域中学习到的知识迁移到另一个领域，虽然有迁移学习、多任务学习、元学习等子领域都在研究这种方法，但如今还没有真正取得标志性的成果。扩展性差，依然是AI系统的最大痛点。

2015年，DeepMind发表了《Playing Atari with deep reinforcement learning》，将深度强化学习带入人们的视野，大家仿佛看到了实现AGI的方向，可惜的是深度强化学习依然面临计算量巨大、数据利用率低以及奖励信号微弱的问题。这些问题都让深度强化学习难以走向现实应用。那么，实现AGI的方向到底在哪里呢？

图灵奖得主辛顿在过去30年一直关注解决AI的一些重大挑战，被称为"深度学习教父"。他认为，从生物学的角度来看，未来的通用人工智能系统将主要是无监督多样性的，无监督学习将会是一种能够看得见未来的方式。无监督学习的学习共性与人类基本上是一样的——从未标记和未分类的数据中收集知识。这被认为是一种更具有生物学意义的学习方式，是大脑主要在做的事情：给新事物不停打标签。

20世纪曾提出来的AIXI，即AGI的理论数学形式框架，也被认为是接下来AGI可行的方向之一。它是一种应用于通用人工智能的算法信息理论，是通用人工智能的正式定义，有点类似于图灵机假设空间中的贝叶斯强化学习模型。AIXI通过从一些随机和未知但可计算环境的交互过程中进行学习，这和我们知道的强化学习过程非常类似。不同于强化学习的一点是，AIXI不具备马尔可夫假设。在强化学习背景下，马尔可夫假设可以简单地描述为每一次的决策过程，仅仅依赖于上一时刻的对环境的观察，也就是说如果有一个机器人和环境进行一段时间的交互，产生一系列与时间相关的交互数据，在当前时刻做决策的概率分布仅仅与上一时刻的状态分布有关，而不需要关联到历史所有的状态分布。而AIXI不是这样，AIXI在每一个时刻的决策过程都是需要依赖完整的状态概率分布的。在AIXI框架下定义的智能体，计算上非常困难，但这样的智能体被认为是绝对具有智能的。

还有一种可行的方式是对人脑的模拟，就像我们前面所探讨的那样。虽然目前的生物科学技术以及扫描技术还不可能做到，但是大部分人认为这只是一个耗时较长的工程问题。

最后辛顿认为，通用人工智能这个名词本身就带有一定的暗示，即机器人会变得比人类更聪明。大部分研究者并不认为这样的事情会出现，他们认为，未来的通用人工智能是去取代越来越多的常规事物，将人类从这些繁琐的事务中解放出来，以便从事更高级的智力劳动。AGI不会让人类变得多余，相反，至少在不久的将来，在大多数情况下，它都是以小而有意义的形式继续改善我们的生活。人类真正应该害怕的是由神经网络控制而又无法理解其内在行为逻辑的智能产物。

思考与实践

4.3 对于中文房间实验的思考：Searle 认为机器的工作流程仅仅是执行程序、处理信息，给人智慧的印象，而无法真正分析和理解接收到的信息，通过对第4部分内容的学习，在你看来，机器可以理解信息吗？

第5部分
人工智能与未来

从前我们以为写诗需要很强的文化积累，毕竟看到月亮会思乡，看到长亭想到送别，听到琵琶曲会想起《琵琶行》，这样的行为需要先掌握经典，再在感官所感受到的基础上注入情感，才能达到古人所说的寓情于景、情景交融的境界。因此我们觉得作诗这样的行为是人类所特有的。但过去几年里，类似于"薇薇"、"编诗姬"和微软"小冰"这样的人工智能作诗机器人，刷新了人们的认识，它们可以根据命题像人类一样作诗，如右图所示。

诞生于机器"笔"下的诗句看似切题，但它们的积累局限在数字存储的层面，它们的"诗"往往是从海量诗词库中提练出来的，因此更专注于语法通顺，而不会有创造性的联想，也缺乏完整的情感与逻辑关系。出现这些问题的根源就是因为它们缺乏人类所特有的"意识"。

在人工智能的推动下，人造机器如果产生"意识"会是什么样的场景呢？如果机器的意识能被人工智能激活，那整个生命的概念就可以重新定义了。或许我们不应该只是把以细胞为基本单位的碳基生命定义为生命，或许机器也可以被定义成另外一种形式的生命。人工智能除了会对生命产生影响，人工智能背景下的社会是否会产生新的变革呢？人们常常说科学技术是一把双刃剑，人工智能给未来社会带来的影响可能不仅是正面的。另外，人工智能也可能对人类探索地外生命产生影响。在浩渺未知的世界里是否已经存在强人工智能或者说高于人类水平的智能，我们不得而知。可以肯定的一点是，人工智能的潜力绝对不会止步于这颗蔚蓝色的星球，甚至我们所幻想的未来是否来自我们的星球也说不定。

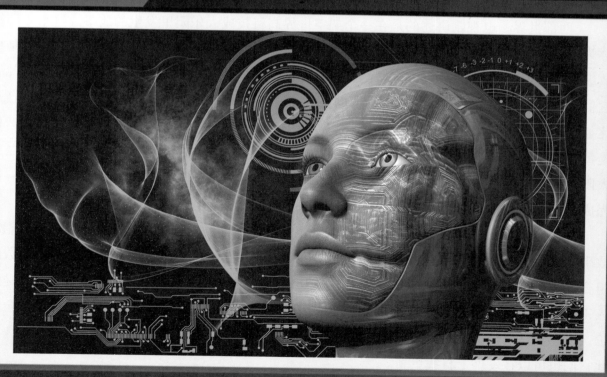

第二十二章 从《西部世界》看强人工智能和意识

"Do you know where you are?"（你知道你在哪儿吗？）

Dolores: "I'm in a dream."（我在做梦）

"That's right, Dolores. You're in a dream. Would you like to wake up from this dream?"（没错，德洛丽丝，你在做梦。你愿意从这个梦中醒来吗？）

Dolores: "Yes."（是的。）

"Have you ever questioned the nature of your reality?"（你曾经质疑过你现实的本质吗？）

Dolores: "No."（没有。）

"Tell us what you think of your world."（告诉我们你是怎么看待你的世界的。）

Dolores: "Some people choose to see the ugliness in this world……The disarray. I choose to see the beauty……To believe there is an order to our days, a purpose."（有些人选择看到这个世界的丑陋……混乱。我选择去欣赏美丽……去相信我们的生活是有秩序的，有目标的。）

《西部世界》电视剧讲述的是在一个架空世界高科技成人乐园里发生的故事。这个乐园被称为西部世界（westland）。乐园内存在许多游览线，用以供给作为游客的人类在此无限制地放纵玩耍。乐园的主要组成部分是称为"接待员"的机器人，其本质就是人工智能工业产品，它们散布在各条游览线中，按照设定的剧情生活。它们具有超高仿真外形，还有自身情感，比如中弹以后会流血，受伤以后会痛苦地嗷叫，能带给游客最真实的体验。西部世界的运作是每当夜幕降临时都要对所有机器人进行记忆清零、测试、修复，并重新放回环境，第二天太阳升起时送入新一批游客。从肉眼看，你是无法分辨接待员和人类异同的，它们像人一样完成绘画、骑马、射击等多种功能，是外表非常接近人类的强人工智能。

《西部世界》很狡猾地跳过了交代强人工智能水平接待员的组成元素，不过我们大概能从故事的发展里面一窥端倪。每个接待员都是一组代码，这组代码包含许多参数，不同参数的组合决定了它们的性格、说话方式、理解能力等。接待员首先是拥有学习能力的，这也是强人工智能的必备条件之一，即能够在软件层面更新自己，因此不会开枪的接待员可以学会开枪，不会骑马的接待员能够学会骑马。机器人本身具有"不死性"，零件可以更替、修复，因此它们也可以在硬件上自我更新。

至于人类如何实现这样的强人工智能，几乎所有的影视剧都采取了"空降"的方式。也许人们更适合幻想"是什么",而忽略"怎么做"。但现实中不乏对此发表看法的专业人士,他们提出的关于强人工智能的预言,有些是在几十年之内能够实现的。

本节开篇的对话来自于《西部世界》的开头,人类测试员为了测试接待员德洛丽丝(Dolores)[1]而进行每日例行检查,你也可以用"图灵测试"来理解它。你会发现,德洛丽丝除了对问题给予基础的回答"Yes"或"No",以及"I'm in a dream."这样的陈述句之外,还能用诗一样的语言(最后一句)来表达自己的想法,当然这个想法不是德洛丽丝自己产生的,而是由程序决定的(至少在剧中是这样)。从现在的眼光来看,德洛丽丝这样的接待员是可以通过图灵测试的,因此她可以几乎无破绽地与人类交谈。

我们假设《西部世界》描述的未来世界(当然这里指的是好的方面,例如真的有一个隔离空间能够供劳累的人类完全放松身心,而忽略电视剧中后面接待员叛乱的部分)真的能够到来,那么《西部世界》仿佛就是一场大型的莎士比亚戏剧课。

下图中是女主的父亲阿伯内西(Abernathy)[2]。在与人类对话时,他引用了莎士比亚巨作中

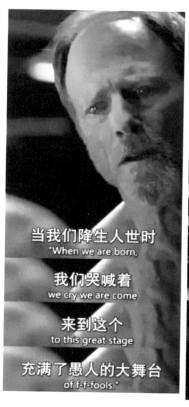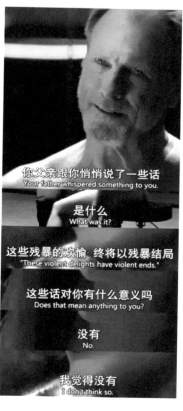

《西部世界》截图[3]

1　德洛丽丝是电视剧《西部世界》的女主角,是西部世界的接待员,也是乐园中最老的强人工智能机器人。德洛丽丝美丽、善良,但性格偏执,是一个典型的从偏远西部来的乡下女孩,直到发现自己美好的生活都是一个精心编造的谎言。

2　阿伯内西是接待员之一,扮演的角色是女主德洛丽丝的父亲。他拥有一个农场,每天太阳升起的时候他都会和德洛丽丝进行一段对话,德洛丽丝在对话结束后会出发去写生。某天在对话结束后,阿伯内西在农场的土地里发现一张来自真实世界的照片,这直接导致了他对自己的世界产生怀疑。

3　左、中出自《李尔王》第四幕第六景;右出自《罗密欧与朱丽叶》。

的经典对白，引出观众无限讨论的话题就是，究竟这些对白是程序设计使然，还是这个接待员真的自发产生了"思维"而有意为之？毕竟在与人类交谈时，这样的引用不但不显得违和，甚至可以说是充满了哲学意味的点睛之笔。影片后来也证明了，他确实是最早"觉醒"的一批接待员之一。"觉醒"是剧中对接待员产生自我意识的表述方式。

意识产生的形式可以是多种多样的。阿伯内西的觉醒是因为一张来自真实世界的照片。需要注意的是，影片的设定是"接待员"并不知道自己是人工智能产品，在他们的认知中，自己就是个正常的人类。这也直接导致了阿伯内西受到外界刺激而觉醒。而有趣的是，德洛丽丝的觉醒，则是整个故事的大背景——主题乐园的开发者阿诺德（Arnold）[1]早期埋下的种子，影片花了很长时间去讲主角如何让这颗种子慢慢发芽。另一个关键角色梅芙（Maeve）[2]则完全是靠自己的力量觉醒的，她从过往残存的记忆中找到蛛丝马迹，依靠最高的整体感知参数一步步觉醒。

可以说，这三种类型的强人工智能意识产生都是极具代表性的：阿伯内西的觉醒有《楚门的世界》[3]的意味，德洛丽丝的觉醒是有人类在引导的，梅芙的觉醒则更接近于普世的设想和担忧——自己产生自我意识。这也让我们得以从多个维度思考问题。第一，是否能够通过让人工智能认为自己是"全知"的，以降低它们的危机感，从而规避人工智能程序错乱？也许当人工智能的"大脑"认为它们对这个世界是完全知晓的，对人类的恶意就会小一点。第二，我们是否可以认为，强人工智能的未来发展应该由人类来决定。也许并不是人类创造的人工智能意识，但人类无疑是可以对这个结果施加影响的。

强人工智能到来后，也许一切平静仿佛无事发生，也许会衍生出自我意识。而意识的衍生又可能引发多种结果，人工智能可能在"人"的层面上探索情感与渴求关爱，也可能高举平权大旗起兵叛乱……

不论未来是何种格局，就目前而言，对人工智能可能产生意识，人类本能的态度是抗拒和抵触的。在有强人工智能或者只有专用人工智能存在的世界幻想中，它们常常是站在人类的对立面的。这有历史艺术作品影响的因素，也有人类本身物种的排他性的作用。因此对于阿伯内西，西部世界的工作人员选择了回收和替换这个"废弃"的产品，而像阿诺德一样能够引导机器自我思维的人毕竟是极少数。

我们想要明确的一个观点是，强人工智能和意识是两个垂直的概念，二者并不是密不可分的捆绑关系。也就是说，完全可能存在一个没有接待员觉醒的西部世界，那个世界里的强人工智能和人类和平共处。目前的专用人工智能如果能够，也可以拥有意识——也许某一天AlphaGo拥有了"不想赢"的意识而故意下错子也未可知。强人工智能的出现并不等于人工智能简单地拥有意识，而且从强人工智能到机器自我意识的产生，中间还有很复杂的过程。让

1　乐园的两大开发人员之一，执迷于如何让机器人更像人类。
2　西部世界接待员，扮演角色是甜水镇的一名老鸨，经营一个酒馆。她在某次被送返维修时无意醒来，发现自己其实是机器人，便与两位工程师联手将自己的系统彻底觉醒。
3　《楚门的世界》是1998年拍的电影。影片讲述了楚门是一档热门肥皂剧的主人公，他身边的所有事情都是虚假的，他的亲人和朋友全都是演员，但他本人对此一无所知。最终楚门不惜一切代价走出了这个虚拟的世界。

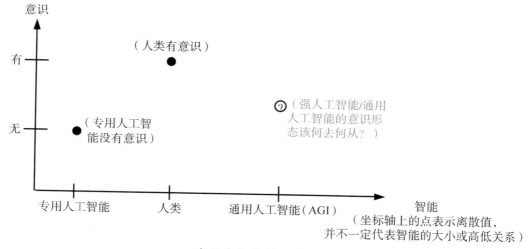

意识和智能的垂直关系

我们对几个容易造成混淆的概念做更清晰的说明。

我们在谈历史变迁、权力更替的时候之所以会感到惋惜，是因为还局限在物种的框架中。我们对一个朝代衰亡的感触，大都源于同一物种范围内的共鸣。我们暂时无法断定如果强人工智能出现，会不会是新物种，但不论将来如何演绎，都要跳出人类中心主义。即使从人类的角度出发，也不用担心，我们已经知道了强人工智能和意识是存在鸿沟的，否则《西部世界》也不用花一整部电视剧的时间来讲它。

我们认为，不论强人工智能存在的时代是否能够到来，人类首先要认识到强人工智能并不是全部负面的。从现实主义出发，强人工智能标榜"奇点"到来之后，人类科技进入指数增长的阶段，人类发展进入新纪元，人类将无限解放自己的脑力和手力；从浪漫主义出发，各种影视出现的对未来世界的幻想都将成为可能，地球将不再是这个地球，宇宙也将不再是这个宇宙，甚至人类在历史舞台的去留也不确定。

我们可能面临着强人工智能时代生命形态的改变。对于读者而言，或许更关心人类与强人工智能的共存问题，在这里我们希望从多角度，甚至跳脱人类中心主义思想去解读人和人工智能的关系。诚如前文所议，希望读者对未来世界的人工智能有更广泛而中肯的认知。既然谈及未来，不妨大开脑洞，把我们的舞台搬到宇宙蓝图上去。将来的生命、社会形态如何发展，这个责任是落到我们身上的。作为年轻一代，要如何去推动人工智能与人类的和谐发展，之后会继续进行讨论。

思考与实践

5.1 观看电影《楚门的世界》。

5.2 如果有时间的话，观看美剧《西部世界》。

第二十三章　未来的生命

世界上所有的生命都有它存在的价值，身为国王，你不但要了解，还要去尊重所有的生命，包括爬行的蚂蚁和跳跃的羚羊。

——《狮子王》

文学作品里常常会出现一些不同于现实生活的生命，如科幻电影里常常出现的外星人。未来地球是否会出现超越我们想象力的生命形式呢？如果会，他们又可能在什么样的条件下出现呢？

一、生命定义

关于生命的定义其实不是那么简单，因为这本来就是一个复杂而充满哲学的问题。

生物学界常常认为细胞是生命的基础单位。在2018年很火的《生命3.0》里，物理学家马克斯·特格马克颠覆了教科书对于生命的定义，他将生命定义为能保持自身复杂性并可自我复制的过程，把生命按进化历程划分为3个阶段：

生命1.0：靠进化获得硬件和软件且无法重设自身硬件和软件的过程。

这种生命的软硬件由自身的遗传物质决定，生命体一旦形成就无法更改。如第一章提到过的复制子，致使人们患病的细菌等。像这类没有学习能力，不会主动学习去调节自身适应环境的生物是典型的1.0版本生命。

生命2.0：靠进化获得硬件，但自身很大一部分软件可以自我更新。

生命2.0是由生命1.0进化而来。尽管无法改变硬件，却能够对自己的一部分软件进行"设计"。其中最典型的生命就是人类，人类的思想和智慧随着学习而不断加深，可以看作是生命2.0对自己"软件"进行更新的一个实例。

生命3.0：在硬件和软件层面上都可以进行自我更新。

生命3.0现在尚未出现在地球上，这种生命形式可以看作能够在硬件层面上更新自己的生命2.0。前面提到过的《西部世界》里可以对自己硬件和软件进行更新的"接待员"，可以算作是生命3.0。

根据马克斯·特格马克的定义，如果《西部世界》的"接待员"算作是生命的一种形式，那么他们的"祖先"——让很多人曾经辗转反侧的电子游戏，是不是从某种程度上来说也可以算作是一种生命形式，只是它们和细菌、病毒不一样，是存活在数字电路世界里的生命。在这本书里，我们把这种依赖于数字电路生存的生命叫作数电生命。就像第一部分提到的复制子一样，这些简单的小软件是"接待员"们最原始的形态。对于我们碳基生命来说，组成生命基础的最小单位是细胞。而对于数电生命来说，它们则存活在数字的世界中。

二、 未来可能的生命形态

马克斯·特格马克拓展了我们对于生命的定义。如果未来数电生命在人工智能的推动下不断进化，那么它们将可能是什么形态，在它们影响下的人类又会是什么形态呢？其实没有人可以给出确定的答案。我们在这里只是在前人的基础上对未来可能的生命形态做一些大胆的推测。

思考与实践

5.3 你觉得未来生命是什么样的形态呢？（看看我们是否有一样的想法）

首先，根据科技的发展趋势，机器作为一种数电生命，在未来依旧会存在的可能性非常大，同时它们的"身体机能"，即机器的性能在未来获得更高提升的可能性也非常大。

人们常说"科学技术就是生产力"，所以为了人类世界的更好发展，人类必然会推动科技不断向前。而科学技术前进的方向之一就是人工智能技术的升级。因此，在未来，数电生命的"头脑"将可能比现在更加"聪明"，"行动"上也可能比现在更加灵活。

目前看到在"头脑"上具有优越性的数电生命之一，应该是战胜李世石的AlphaGo，而在"行动"上较为优越的数电生命之一则是波士顿动力[1]的机器人。在技术的推动下，我们很难说未来人类的智能仍在它们之上。毕竟数电生命在人类智慧的改造下的更新速度是那么惊人。比如说你周围的人几乎都离不开的手机，在1973年才被发明出来，经过46年，它就可以跟你简单互动了。

未来也可能会出现更多人机结合体，也被称为赛博格（Cyborg）。人机结合体的一个比较典型的形态是人类借助机器来增强身体某个部分的机能。世界上第一个被政府承认的赛博格是一个叫作尼尔·哈尔比森的英国人。他天生全色盲，只能看到黑色与白色。在他后脑安装了一个能够把颜色转化成音符的装置，通过这个装置他可以像正常人一样"侦测"外界不同的颜色。只是他不是通过眼睛看到颜色，也不是通过耳朵"听"到颜色，而是通过头骨感受的。

人工智能的提升会为像哈尔比森这样的病人带来福音。通过接入人体的装置，可以给更多因为天生缺陷或者意外事故而存在生理缺陷的病人，获得从病痛中走出来的力量。人工智能的技术越成熟，这类装置在人类世界中的普及程度就越高，因此会有越来越多的人使用接入身体的装置，来改善他们身体上的不完美。如果人工智能技术在此基础上更进一步，人类将有望实现身体"硬件"的更新，比如说更换身体的病变器官等。在现代人眼里，机器略显

1　波士顿动力：Alphabet 旗下机器人工程技术开发公司。

笨拙，但却拥有人类不具备的优势：它们几乎可以在没有风险的情形下更新身体部件。

人类最擅长的技能之一是模仿，在他们看得见的世界里寻找改善自身生活状态的灵感，而机器天生的优势可能会成为人类改造自身的灵感。如果人工智能不断在人类天生的缺陷——身体"零件"更新的高风险性中发力，也许能将人类更新生命硬件的计划变为现实。加上人类自身本来就具备学习的能力，可以进行自身软件层面的更新，那时人类将会晋升为3.0版本的生命。

三、 生命版本升级可能的条件和时间

我们很难对人类什么时候完成生命版本的升级，顺利晋升为生命3.0给出确定的答案。但是完成人类升级伟大使命的过程可能离不开人工智能的参与，而目前所掌握的人工智能技术还不足以帮助人类完成生命版本的跃迁，我们可能还需要向强人工智能借力。

根据计算机科学家雷·库兹韦尔在《奇点临近》[1]一书中的观点，当人类大脑的知识和大量远超过生物进化速率的技术相结合时，将标志着世界进入强人工智能时代。在这个时代里，机器将拥有和人类相匹配甚至超过人类的能力。他认为强人工智能到来的时间点可能是2045年。

可能会有人对强人工智能出现的时间心存疑虑，短短几十年，机器智能化水平的提升有这么快吗？但就像300年前的人不太相信200多年后他们可以像鸟一样在天空飞翔；100年前的人很难想象60多年后会有一张看不见的网络连接世界各地；10年前我们觉得机器能在围棋上战败人类不切实际，然而这一切都成了现实。过去的一切表明机器的进步速度正越来越快，所以我们有理由相信库兹韦尔对于强人工智能时代的预言。

如果强人工智能的不断发展能让人类进化成为3.0版本的生命，那么人类距下一个版本生命形式的时间也可能只有几十年。几十年内实现生命版本的跨越，对部分人来说可能是一件难以想象的事。毕竟对于人类这种碳基生命来说，从原始生命进化成为人类的过程是极其漫长的。根据维基百科上的内容显示，

地球上出现原始生命迹象的时间是约38亿年前；

原核生物出现的时间约为35亿年前；

真核生物的出现时间约为21亿年前；

多细胞生物出现在10亿年前；

第一个脊椎动物出现在5.5亿年前；

人类最早的出现时间是19.5万年前。

1　库兹韦尔在《奇点临近》中把生命从生物和技术两个方面划分了六个纪元。首先，即使最微小的物质都包含物理和化学组成成分，这是第一纪元；而生命在第二纪元出现，在这个阶段，信息以DNA为载体；思维活动在第三纪元出现，在这时生命有了大脑，有了信息处理机制；迈入第四纪元，技术的进化速率将远超生物智能的进化速率；人脑中的知识和大量技术相结合的成果便是奇点的到来，人类将在第五纪元突破极限；最终，第六纪元，奇点将从地球扩展到整个宇宙。

碳基生命进化过程的更新单位几乎都是以"亿年"来计算的，我们更习惯较长的生命版本升级时间。人类出现以前的进化过程是没有机器干预的自然进化过程，人类向生命3.0版本靠近如果借助人工智能力量，很难说在未来几十年里不会成为现实。

你可以对比使用手抄的方法整理错题集，和使用电脑复制粘贴的方法整理所需要花费的时间（当然后者对学习而言可能不是很有效）。手抄10道数学大题及其解答方法可能至少要花费半个小时，而复制粘贴10道题目在题目和答案来源已知的情况下可能1分钟之内就可以搞定，随着题目数量的增加，机器与人力的这种差异性也会越来越大。

虽然现在从可以感知的层面来看，机器在某些方面确实不如人类，但是人类相对于机器的优势，在强人工智能诞生以后，就会烟消云散。强人工智能可以在任何一个方面都表现得比人类出色，加速人类进化的过程还是非常有可能的。

第二十四章　未来的社会

> 祸兮，福之所倚；福兮，祸之所伏。
>
> ——老子

雷·库兹韦尔预测强人工智能诞生的奇点是2045年，届时地球上将诞生能力优于人类的机器智能，这似乎暗示着2045年将是软红十丈的繁华时代。斯皮尔伯格的电影《头号玩家》（Ready Player One）所展现的却是处于崩溃和混乱边缘的2045年的世界，人们逃离现实，终日沉迷在虚拟的网络世界中寻求慰藉。人工智能助力下的未来社会到底是什么样子，就像上一节所提到的那样，其实在它没有到来之前，谁也不能确定。我们只能根据一些事实，站在先知理论的基础上做出一些推测。

一、AI 与高危职业

社会的正常运转需要每一个成员分工合作，负责教育的人可能会给你上课，负责交通的人可能会给你开车，负责文化的人可能会用艺术作品来丰富你的内心世界。因为职业的差异，有的人负责的是社会不可或缺但却充满着危险的工作，比如钢筋工人，他们在高空安装钢筋架，远离地面，稍有不慎会从高空坠落。类似的职业还有矿工、消防员等。

2010年8月5日，智利北部阿塔卡马沙漠中的铜金矿发生塌方，致使30多名井下作业的矿工被深埋于700米的地下。

2019年1月12日，陕西省神木市李家沟煤矿发生矿难造成21人遇难。

2019年3月30日，四川省凉山州发生森林火灾，导致30名扑火人员不幸牺牲。

对于从事高危职业的人和他们的亲属来说，常常要面临生离死别。但随着机器智能的不断推进，机器将替代身体脆弱的人类去完成一些高危工作。

也许你会问如果依据马克斯·特格马克《生命3.0》的观点，未来的智能机器也是一种生命，那让机器人去从事高危行业站在种族平等的基础上来看是不是有违伦常，就像《论语》所说的那样：己所不欲，勿施于人。

产生这样的疑问，是因为一些很重要的问题被你忽略了。首先，机器和人类身体构造上本来就存在着差异。机器出现故障，不管过了多久，只要重新修缮或者替换损坏的部件就可以正常工作，而人类没有这种优势，人如果死亡几乎不可能再醒过来了。其次，未来机器的抗攻击能力可能比人类强很多，因为机器可以通过自身材料和装置的保护来对抗一些伤害因素。比如，机器人救火员的防火材料可以保护它们不被大火灼伤。所以就不存在生命之间的不平等性问题。相反这更像是人类世界中擅长音律的人唱歌表演，擅长和小朋友沟通的人做幼儿园老师一样，每种生命只做它们擅长且对于自己没有负面压力的工作而已。

在这种新的分工下，人类会从高危职业中解救出来，再也不用担心因为工作而失去生命了。

二、AI 与社会公平

AI与社会公平之间会有什么关系呢？我们先来看看机器在你现在的生活中是什么样的存在。

你临睡前在手机上定了一个早上8点的闹钟，于是你的手机在第二天早上8点准时响铃，不会早一秒也不会晚一秒。当你登录社交网站，哪怕输错一位密码，机器反馈给你的结果也是登录失败。从这些经历中，你是否已经发现了一些关于机器属性的蛛丝马迹？"不知变通"是机器的一个特点。但是这个特点却可以成为维系社会公平公正的保障。比如在银行办理业务或者在医院取药的时候，机器会根据人们先来后到的顺序叫号，这样就可以让那些乱插队的人无机可乘。

未来，随着人工智能技术的推进，机器在人类世界的影响范围将会更加广泛。人类世界中一些不公平现象会像我们鄙夷的插队行为一样将逐渐淡出。

此外，人工智能技术的推进也会减少地域资源的社会不公平性。

也许你在电视或者网络上看到过一些关于教育资源分布不均匀的报道。发达地区的人能享受到更多更优质的教育资源，人工智能的发展将有望打破类似的社会资源分布不均衡的困境。人们在此基础上进行了尝试，慕课平台和各种网课已悉数上线。如果人工智能能够像老师一样，给每个接入互联网的同学提供一对一的帮助，那么无论地域、肤色、种族的孩子都将能够更好地学习。

三、AI 与审美

以人工智能为核心建立起来的智能机器最擅长数据的处理，对于一切事物好坏的评判标准就是打分。假设你现在输入一张小黄狗的图片到机器，让机器判断输入图片出现的是什么

狗

动物时，机器通常先会对每个可能的动物进行打分或者概率估计。比如这张图片是兔子的概率1%，是狗的概率50%，是猫的概率25%，是马的概率16%，是其他动物的概率8%，这时候机器会告诉你"我觉得图片中的这只动物可能是狗"。

所有的数电生命应该会继承它们祖先原始机器的能力，比如计算机"认识世界"是采用对一切事物不断用数据去量化的方式：你"双十一"购买的学霸笔记本的数量是10本，击败了全国50%的人；你今天走了12 225步，在你的好友中排名第12；你电脑的电量还有30%，预计还可以使用2个小时。

数电生命的"认知"很大程度上依赖数据的支撑，基于输入数据的特征给出统计意义上的判断，所以不管数电生命怎么进化，怎么超越原始的初级机器，这种以数据为基础的本质很难改变。因为这本来就是数电生命成长为智能的根本原因，就像人类凭借神经细胞实现感知、思考和产生意识一样。假设有朝一日，部分数电生命具备审美能力，当给定一个艺术作品让它们评判艺术质量时，它们必然是以特定的标准来打分，以判断艺术品的好坏，而这个标准的模式应该是非常单一的。

人类与机器评判艺术的准则截然不同，人类对美的评判从来都没有唯一的标准，因为人类世界里的美根本没有唯一的规则可言，它更像是一种只可意会不可言传的东西。

有人说特别的才是美的，越是特别的就越美。对于人类来说，特别可能会产生美，但是并不是所有的特别都是美。如前所说，审美是没有一定规则的，因为特别而在审美路上翻车的案例不在少数，比如民国军阀张宗昌的《咏雪》诗：

什么东西天上飞，东一堆来西一堆。莫非玉皇盖金殿，筛石灰啊筛石灰。

以前的文人墨客描绘雪景，大概像柳宗元一样用"千山鸟飞绝，万径人踪灭"来形容。而张宗昌却另辟蹊径，说天空中轻盈曼妙的雪花是玉皇盖宫殿筛的石灰。前无古人、后无来者的想象力却并没有给这首诗带来任何的美感，反而营造了一种滑稽可笑的风格。

人类的大众审美并不存在唯一的形式或特定的规律，而数电生命（如果有）的大众审美依赖于统计模型对包括艺术在内的一切事物做出判断，所以当两种起源不同的核心构成不同的生命，并同时出现在某一时空的时候，社会的审美趋势会产生怎样的变革呢？是以人类没有固定形式、变幻莫测的审美作为美的依据，还是依据机器智能体在数据上建立起来的审美作为美的衡量标准呢？又或者是在两种审美之间求得一个平衡点？

思考与实践

5.4 你觉得数电生命会有审美的能力吗？

四、AI 与神

远古时期的人祈求得到上苍的怜悯，因为只有天降甘霖才能丰衣足食。如果传说中的神因为生气而给人类降下祸端，比如瘟疫、洪水、干旱、地震、台风……没有一样是血肉之躯的人类能够轻易抗衡的。所以每种文化里都有与之相关的宗教，每种宗教里都有掌管人类命脉的神。古人常常需要祭拜他们文化中的神，觉得是神主宰着他们的生死命运。

根据世界卫生组织发布的统计数据，2011年造成人类死亡的10大原因分别是缺血性心脏病，中风，下呼吸道感染，慢性阻塞性肺疾病，腹泻病，艾滋病，肺癌，糖尿病，交通事故和早产。每年约有880万的人死于癌症，占死亡总人数的六分之一。由此可见，人类身体的某一部分"零件"故障是影响人类生命的主要原因。虽然在面对身体疾病的时候，人类可以采用药物治疗的方法来不断修复身体上受损的"零件"，但是这些"零件"会随着时光的流逝而不断衰老，相应的人类的身体机能就会越来越差。就像你跑得比你的爷爷奶奶快一样，因为你身上的"零件"比你爷爷奶奶的要"新"很多。

对于机器来说，当"零件"越来越旧的时候，修理师傅可以换上新的零件。而对于现在的人类来说，要更换"零件"的难度和成本则大得多。如果强人工智能推动人类进化成3.0版本的生命，那么人类将可以像机器一样更新自己的"零件"。这时人类或许可以像尤瓦尔·赫拉利[1]在《未来简史》中所说的那样，实现智人到智神的华丽转身，摆脱生老病死的命运枷锁而彻底走向永生。

思考与实践

5.5 你同意尤瓦尔·赫拉利人类将走向永生的观点吗？

如果人类走向永生，解决了碳基生命诞生几十亿年来的死生宿命。那么人类3.0会不会再在脆弱的血肉之躯上做进一步的升级呢？比如说身体力量、速度和抗攻击性上的升级。现在我们盖高楼、搬重物时需要机器的协助，我们不能像飞机、汽车一样高速运动，我们在面对诸如地震、火山之类的自然灾害时，常常无力抵抗。如果我们与生命的长度一样，连同生命躯壳一起升级，那么也许真的可以像传说中的"神"一样具有刀枪不入的技能了。

外在得到满足后，我们会停止探索这个世界吗？人类对美好的追求似乎永不止步。心理学家马斯洛[2]在《人类激励理论》一文中把人类需求从低到高分成生理需求（比如肚子饿了要

---

1 尤瓦尔·赫拉利：以色列历史学家，著有《人类简史》、《今日简史》和《未来简史》等。
2 马斯洛：美国著名社会心理学家，第三代心理学的开创者，提出了融合精神分析心理学和行为主义心理学的人本主义心理学。

吃饭，口渴了要喝水）、安全需求（比如对人身安全、身体健康的期望）、社交需求（友情、亲情等的需要）、尊重需求（渴望获得他人的尊重等）和自我实现需求（如实现自己的理想、抱负等）五个部分，他认为当人类的低等层次需求得到满足的时候，就会去追求更高的目标。如果人类借助人工智能不断地更新和强化自身，获得永生和强大的力量，使得自己的安全需求得到满足，人类可能就会转身去追求更高层次的需求。

针对这个问题，有人提出一种叫作"思想上传"借以实现人类智慧共享的方法。思想上传的核心是把一个人所拥有的知识分享给其他人。先把思想从一个人的大脑中提取出来，然后再将其像电子邮件一样打包上传到网络。需要这种智慧的人从网络上下载，从而获得和上传者一模一样的思想和智慧。比如，学霸把自己学到的技能提取上传至互联网，需要的同学从网上下载学霸的智慧，这样他也瞬间变成了和学霸一样有智慧的人。想一想，如果有一天你起床有人告诉你，再也不需要去学校了，只需要从网上下载一份知识安装到你的大脑里，就获得这个世界上所有的知识了。

如果这一切都成为现实，那么人类不仅将成为传说中刀枪不入的神，而且是学富五车的神。

思考与实践

5.6 你觉得每个普通人在未来都将会成为刀枪不入、学富五车的神吗？

五、AI 可能的负面影响

凡事都有两面性，人工智能技术也是如此。它能给人类世界带来繁荣，也可能带来新的社会问题。就像手机上让人无法自拔的各种应用，虽然方便了人们的生活，满足了大家的娱乐需求，却减少了家庭成员之间相互交流的机会。

《战国策·秦策二》中记载着一个《曾子杀人》的故事，说曾子曾经居住在一个叫"费县"的地方，该地有个人和曾子同名同姓，某天此人杀了人。有人听说后告诉曾子的母亲说，你儿子杀人了。曾母不相信曾子会杀人，心平气和地继续织布。过了一会儿，又有一人跑来告诉曾母说曾子杀人了，曾母开始有点不安，但心里还是相信曾子不会杀人，所以继续织布。又过了一会儿，又来了一人跟曾母说曾子在外面杀人了，他的母亲再也不敢不相信了，丢下手上织布的工作翻墙逃走了。

和故事中曾母很相似，当机器不断地无穷无尽给出建议的时候，我们可能会摒弃之前的想法。比如说某个夏天的中午，你在使用手机导航去城南，手机告诉你应该先往北走一段距

曾参在外面杀人了

《曾子杀人》

离，然后回转向南走。你可能觉得不可思议，于是径直向南走。但是导航不断地提醒你：请掉头，请掉头，请掉头……你心里开始为你的导航辩护——它这么指引是因为直接往南的路堵车。但是这个时间点，这么热的天气，堵车的可能性不是很大。然后你继续走，它又开始提醒你，请掉头，请掉头……你不免动摇了，又在心里帮它想了一个理由——应该是在修路。嗯，在修路，一定是这样的。然后它成功地说服你掉头向北走。

机器可能会对人类产生潜移默化的操纵性，但这种操纵性大多数情况下是帮助人类达到更好的目标。我们很难说这会不会被别有用心的人加以利用，用来对其他人进行精神上的控制。

此外，像"思想上传"这样的黑科技，虽然可以给人类带来非常大的好处，比如加速人类智能的更新速度，但会不会也被坏人利用呢？即便不被利用，"思想上传"的误操作性也可能是一个负面因素。还有思想与记忆有一定的关系，"上传思想"的目的只是分享智慧，如果不小心分享了记忆会产生什么情况呢？

人工智能还可能带来一些其他的负面影响，比如人类会不会面临和机器抢占自然资源的情况等。针对这些负面情况，都需要在推动人工智能技术的时候设想清楚，这样才能在最坏的状况发生以前，有比较充足的时间做好应对策略，让人工智能更好地为人类服务，而不是受制于它。

第二十五章　未来的宇宙

> 宇宙中存在着大量的生命形式，但是最伟大的智慧外星人很可能是生物文明中逐渐形成的后时代生物。
>
> ——美国康涅狄格大学苏珊·施耐德（Susan Schneider）

截至目前，你或许觉得本书所谈的人工智能还有很大一部分空档。毕竟在你所接触到的书籍或者影视剧中，人工智能往往与更宏大的宇宙世界挂钩。也许是因为宇宙本身具有的广袤无垠的神秘感，可以提供给人们巨大的想象空间，所以当人工智能遇上宇宙，必然擦出奇妙的火花。

一、 人工智能应用于宇宙

针对宇宙的人工智能探索或许低调，但从不缺席。人工智能自诞生以来，在天文学中的应用也在蓬勃发展着。这些技术或提升了计算速度，或提高了运算的精度，或增强了图像识别的能力，或降低了制造成本……2018年初统计发现，自2013年以来，对机器学习进行研究的天文学论文数量增加了5倍。

人工智能究竟是如何走向外太空的呢？

在不同的地方有着不同的关于"流星"的传说。我们常常听到的是在流星划过天际时许愿，愿望就会实现；一些地方的风俗把流星认为是上天的警告，流星经过的地方可能会发生火灾……实际上，流星是流星体进入地球大气层时产生摩擦、燃烧的发光体，而流星体是从小行星和彗星脱离的岩石。保护地球不受小行星和彗星撞击是美国国家航空航天局（NASA）的工作目标之一。

目前，机器学习算法已经成为预测和识别彗星威胁的关键。以Nvidia的GPU为基础构建的深度学习神经网络，能够通过人工智能图像分类算法对彗尾碎片进行聚类分析和识别，快速而准确地将流星从浮云、萤火虫和飞机的背景图像中区分出来，并进行持续跟踪。在为期两个月的测试过程中，这一深度学习神经网络对一百万颗流星图像进行了分类识别，与人工识别的相符程度高达90%。

此外，人工智能还取得其他天文学上的成果——运用矩阵操作算法技术以辅助获得更加清晰完整的月球表面图像；预测系统能够提前5个小时预测太阳耀斑，使人们有足够时间应对……

二、 宇宙中的超级人工智能

外太空本身存在着智能体吗？在一望无际的宇宙中，在光年之外的疆域里，那散落在银河系的数不清的星球中，是否早已存在人工智能？地球出现的人工智能，会否是来自外星文明的恩赐？

在小说《三体》里，作者刘慈欣描绘了一种称为"三体人"的外星智慧文明种群，他们居住在距离太阳系4光年外的半人马座α星。根据小说描述，由于环境的恶劣[1]，三体人进化出了脱水至类似休眠状态的能力，经历两百多次的毁灭与新生，三体人舍弃了懦弱情绪，变得冷静理智。虽然三体人拥有许多较人类先进的科技，例如反物质发动机、水滴、智子等，但并不意味着他们就是高等生物[2]。他们能够通过心灵感应来交流，这也直接导致了他们不善计谋的致命缺陷。

不管怎么说，能够接收和发送无线电的文明，一定具有至少人类水平的文明。三体人的智能水平至少是不输于人类的，否则也不会在地球上造成如此巨大的骚动。比起刘慈欣，大多数人相信的是外太空存在远超人类智慧的智能体，甚至他们正在以某种上帝视角监听着地球生物。和他们比起来，地球人仅是"银河系婴儿"。这种存在超级人工智能外星人的想法与美国康涅狄格大学苏珊·施耐德的观点不谋而合。

苏珊提出一个"窄窗观察"概念，指的是当任何一个社会文明学会传送无线电信号时，他们距离提升自身的生物性只有一步之遥。NASA搜寻外星文明项目（Search for Extraterrestrial Intelligence，简称SETI）的负责人赛斯·肖斯塔克（Seth Shostak）认为，当一个文明发明了无线电之后，他们就会在10年内发明电脑，然后很有可能只需要50～100年就能发明出人工智能。因此我们有足够的理由相信，如果太空有智能，那么其水平很可能是在人类之上的。苏珊认为，地外文明中存在着超越人类的"后时代生物"，不同于地球生物的基因传播驱动，他们是由技术驱动，也就意味着他们是永恒不朽的。

《E.T. 外星人》电影剧照

1　三体世界存在恒纪元和乱纪元。恒纪元时生存环境相对温和，适合三体人正常生存发展。乱纪元时会忽而天寒地冻，忽而烈日当空。
2　小说《三体》中地球人出现三种派别。"降临派"希望三体人降临地球，又分为"改造派"和"毁灭派"，"改造派"希望三体人降临地球之后对人类社会进行改造以变得更好；"毁灭派"希望三体人降临地球之后彻底灭绝人类。"拯救派"知道三体人的生存环境特别恶劣，希望能够拯救三体人于水火之中。"幸存派"希望将来三体人侵略后自己的后代能够得到特权。

电影《AI》截图，图中外星人正在读取人工智能小孩
大卫的记忆，并且能够在同类中共享记忆

前面我们说过，在未来世界里，生命的定义不再局限于碳基生命。由于信息沿着塑料神经元传输的速度比人体大脑快，因此硅基大脑更加聪明，具有更加惊人的算力，从理论上讲，硅基生命将比碳基生命更快达到超级智慧等级。因此，当我们在宇宙范围谈论的时候，可能要直面现在拥有的这颗柔软的大脑会成为过时的智能模式的现实，地外智能体甚至可能不是以生物形态存在。对比同一导演斯皮尔伯格的两部电影《E.T.外星人》（1982）和《人工智能》（2001）中的太空生命形态，我们发现人们的幻想是符合从碳基到硅基生命这个演变的。

对于这种超级智能的追求，人类已经开始了。DARPA最新的ElectRX神经元植入计划表明人体自身的奇点即将到来，最终我们将不仅借助技术改进大脑，还可能达到动画片《祝狩猎愉快》中的赛博格那样，成为机器与肉身的混合体。虽然对于这一技术还存在争议，但争议的核心大多是围绕伦理与道德。

《祝狩猎愉快》狐狸形态赛博格

《祝狩猎愉快》人与机器混合体

本书提出这一点并不是想赞成赛博格，而是想表达"意识"是人类与生俱来的优势。虽然今天，有研究表明"被创造出来的生命压根儿无法拥有意识"这种结论正在节节败退，但就目前而言，作为人类的我们也不必太过谦卑。比起智能，人类在意识方面有着这些星际邻居可能永生达不到的高度，超级智能是否能拥有意识仍旧是未知数。《人工智能》[1]电

---

1 斯皮尔伯格的电影，讲述人工智能机器人大卫历险的故事。

影结尾，外星人来到地球读取大卫的记忆，他们对大卫产生的"意识"[1]表示不理解。《西部世界》电影里威廉[2]尝试将"意识"植入机器人中，以换取某种程度上人类的"永生不死"，这也从另一个角度力证了智能和意识之间不可逾越的鸿沟。

倘若外星真的有超级人工智能，他们将如何看待人类？按敌意由浅到深的程度，本书做出以下三种假设：

■ 漠不关心

苏珊说："如果他们对人类感兴趣，我们很可能就不会在这里了，我的直觉告诉我，他们的目标与动机与我们截然不同，他们不会想联系我们。"

肖斯塔克则表示，"我不得不同意苏珊有关外星人对人类不感兴趣的观点，作为生物形态，我们太低级，太无关紧要了。打个比方，你不会花费太多时间去和金鱼一起读书。换言之，你也不会花费心思去杀死一条金鱼。"

两位认为太空存在超级智能的科学家对他们的智慧有极高的评价，认为超级智能确实没必要花心思在地球这些"低等"生物的身上。比起与我们进行联系或者费力来摧毁我们，他们因时间消耗造成的损失可能还不如在自己星球上盈利得到的多呢！

■ 充满好奇

这个态度与智能体的智能水平无关。在斯皮尔伯格电影《AI》中，外星人来到地球读取了强人工智能大卫的记忆之后，发现在他们的体系里从未出现过的"情感"和"意识"。他们对地球生命的好奇心，除了有获取地球科技知识等好处之外，可能也为"意识"探索开辟新天地。

■ 占领、侵略、摧毁

这一派的作风相对野蛮，超级智能在太空生存总是会消耗能量的，也许他们星球的资源枯竭了，也许只是需要储备，他们将地球作为殖民地，将地球资源作为他们的粮仓。正如霍金的广为人知的观点："先进的外星人可能演变为宇宙游民，正寻找能提供资源的星球殖民地，所有与外星人接触的努力，都可能会导致人类自身的灭亡。"

三、宇宙"热寂说"

2019年春节，改编自刘慈欣同名小说的电影《流浪地球》上映，把科幻再一次搬上大荧屏，唤起人们对科幻的又一波热潮。《流浪地球》讲述的是太阳即将膨胀吞噬太阳系之时，人类社会引导"流浪地球"计划并倾尽所有力量制造"行星发动机"驱使地球逃离太阳系，前往最近的恒星——比邻星的过程。[3]

我们能够在地球上得以生存，是靠围绕着太阳这颗恒星公转，靠阳光作为地球能量的主

1　大卫虽然是强人工智能，但在与人类相处中已经产生了对家人和朋友的情感，尤其是对母亲莫妮卡的爱。
2　影视剧《西部世界》中西部世界乐园的投资人的女婿，曾与女主角 Dolores 坠入爱河，但在发现其接待员的本质后逐渐黑化。
3　比邻星所在的恒星系统称为"半人马座 α"星，由两颗太阳大小的恒星相互围绕公转，外加一颗相对距离较远的"比邻星"组成。这正是小说《三体》的恒星系统。看来刘慈欣对比邻星还真是情有独钟啊。

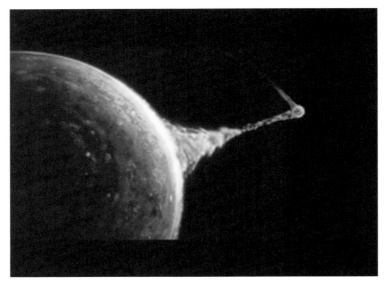

"流浪地球"计划地球经过木星时大气层被木星吸引

要来源。太阳现在的质量大约四分之三是氢，采用核聚变的方式释放光和热。但是从恒星的演化规律上来讲，"恒星"并不是"永恒"的。在遥远的50亿年之后，太阳核心中的氢燃烧殆尽，生成的氦元素在引力的作用下坍缩，释放的能量进一步升高温度，点燃核心周围的氢壳层，随后太阳将迅速膨胀，成为一颗红巨星。这就是《流浪地球》的背景。太阳膨胀将发生在非常遥远的未来，远到甚至不知到了那一天，人类是否还站在地球食物链的顶端。也许到了那一天，太空旅行也成为可能，地球生物可以以"光年"为单位在宇宙中穿梭，那么前往毗邻星也就理所当然了。

浩瀚的宇宙

但是当宇宙也走向终极呢？威廉·汤姆森（William Thomson）于1850年根据自然界中机械能损失的热力学原理推导出"热寂"（Heat death of the universe）理论。

根据热力学第二定律，作为一个"孤立"的系统，宇宙的熵会随着时间的流逝而增加，由有序向无序，当宇宙的熵达到最大值时，宇宙中的其他有效能量已经全数转化为热能，所有物质温度达到热平衡，这种状态称为热寂。这样的宇宙中再也没有任何可以维持运动或是生命的能量存在。

科学界不乏对"热寂"提出诘难的科学假说，包括詹姆斯·克拉克·麦克斯韦（James Clerk Maxwell）的"麦克斯韦妖"，波尔兹曼（L. Boltzmann）的"涨落说"，伊利亚·普里高津（Ilya Prigogine）的耗散结构理论等。不可置疑的，"热寂说"已经从科学问题走向哲学问题了。但有一点是可以肯定的，万物都趋向于熵增大的方向发展的。

如果我们认可了宇宙是遵循热力学第二定律，认可"宇宙是个孤立、封闭系统"这样的宇宙观的话，那么就可以理解超级人工智能存在的意义了——生命从单细胞生物到高等生物的迭代，是帮助宇宙更快走向热寂的迭代：人类对地球的所为，使得整个宇宙熵增的速率是远超单细胞生物所能做到的；类推下去，超级人工智能能够帮助宇宙更快地往熵增的方向发展。《生命3.0》认为宇宙有"目标"，而这个目标就是走向热寂。

如果宇宙"有知"，它为了达到自己的目标，理当推动整个宇宙文明向着超级人工智能的方向发展。尽管可能在一个文明内部是有序的，但局部出现的相反过程并不会阻碍整个宇宙的无序，甚至还会加快这一过程，因为局部维持"有序"消耗的能量将比原本无序状态多得多。最终，宇宙不可避免地走向热寂。

思考与实践

5.7 观看电影《流浪地球》。

5.8 如果有时间的话阅读刘慈欣的小说《三体》吧，你会受益匪浅的。

结语

　　预知未来是一件很玄妙的事，可惜我们大多数人都没有故事里感知未来的超能力。因而我们无法预知在人工智能的推动下世界会具体发生什么样的变革，我们未来将成为什么样子的人，从事什么样的职业，生活在世界的哪个角落，过着什么样的生活。但不管怎么样，无论是我们（本书的作者们）、你的家人、你的老师或者你的同学都希望这个世界和此刻正在读这本书的你一样变得更加美好。那些对于你充满美好期望的人如果没能等到人类永生的神话，终将遵从人类生老病死的生命法则，从这个世界的舞台上静静退场。而那个时候你将成为引领这个世界向前的中坚力量。那么你应该为迎接这份光荣的历史使命做些什么准备呢？

　　首先，你需要做一个有梦想的人。不管你擅长什么，喜欢什么，你都需要找到一个自己可以为之不断努力的方向，然后锲而不舍地勇往直前。你日积月累地奋斗，或许在短期看不出效果来，但是总有一天你所有的汗水，都将会找到它有用的那一刻。当然如果这本书能有幸让你开始对人工智能感兴趣，让你有一种有志于未来从事与人工智能相关工作，使用人工智能技术让世界更加美好的想法。也许从现在开始，你就可以开始关注人工智能和脑科学研究的最新进展，因为很长时间里人类都在以人脑为启发来不断拓展机器的局限。比如，在人工智能领域如日中天的深度学习的灵感来源就是人类大脑中神经的连接机制。有道是自古英雄出少年，霍去病勇冠三军的时候才18岁，李世民冲锋陷阵的时候才17岁。你不经意之间读到相关文献或许会成为你提出改变世界想法的线索，因为集腋成裘，累积跬步才以至千里。

　　第二，做一个脚踏实地的人。当你有一个梦想作为你不断向前的动力的时候，你需要将每个关于梦想的小任务落到实处，要做实事求是的行动者而不是纸上谈兵的空想家。在明朝时候有本叫作《应谐录》的书记录了一则很诙谐滑稽的故事，说有一个人看见天空中有一只大雁飞过，就准备拉弓把大雁射下来煮着吃。他弟弟听见后说，栖息在树上的大雁才适合煮着吃，飞起来的大雁更适合烤着吃。于是这个射大雁的人开始跟弟弟争论大雁的吃法。两人争执不下，吵到村长那里。村长让他们一半烤着吃，一半煮着吃。故事的结局不言而喻。天空中飞着的大雁不会像视频一样按下暂停键，傻乎乎等着两兄弟，早就消失得无影无踪了。所以梦想只有付诸行动，落实下来才能变现，如果只是空想最终梦想还是虚幻的"梦想"。

　　第三，做一个有自己思想的人。就像你曾听到过的那句话，书本上的知识并不是世界的全部。所以不管你立志以后要从事什么样的职业，你都不能只依赖于书本上的知识。书本上的东西只是前人发现了的世界规律，而这个世界上没有被发现的奥秘还有很多很多，那些没被发现的正是需要你去发现的。如果你立志要用人工智能改变世界，那你可能需要不断地去观察你周围的事物，看看它们可能存在的缺陷给人们的日常生活带来了哪些不便，你需要思考人们还需要什么样的技术。了解了这些世界需要的东西，你才能更好地改造世界。

最后，你需要做一个有爱的人。就像前面章节提到的那样，技术的发展是一把双刃剑，一个强大到无坚不摧的人可能会成为两类人：带世界走向下一个顶峰的人和摧毁世界的人。优秀如你，一定会在未来变得足够强大。但是我们希望你也像那些曾经对你充满爱的人一样，对这个世界的所有充满真挚的热爱，不论是巍峨的高山，潺潺的溪流，眨着眼睛冲你笑的小孩，还是坐在荷叶上欣赏自己倒影的蛤蟆。你内心有爱就会让你保持纯真与美好，切莫在能力带来的诱惑中迷失自我。

附录一 "思考与实践"参考解答

1.1 这个是一个开放性问题，由于科学界尚未有准确的答案，各种有理由的答案都是可以的，比如可以说共生理论更合理，因为不同种类的单细胞的特性也不完全相同，不同特性的细胞相互聚集在一起更好发挥自己的特长相互协作。

1.2 这个是一个开放性问题，只要言之成理即可。可以说相同也可以说是不同的。比如说人脑的基础部件是由细胞构成的，而机器的"脑"的基础部件是由零件构成的。但是从这些部件的功能上看它们的功能具有相似之处，比如说他们都可以用来做接收信息，处理信息等工作。

1.3 黑白图像的每个像素可以使用一位数值来表示。

2.1 图灵机设想主要有三个组成部分：一条无穷长的纸带，纸带的作用类似于存储器，纸带上的每个格子内可以读写0或1，或什么也不写；一个探头，可以移动到每个格子上，探头的操作包括读取，写或擦除，移动；一个有限状态自动机，可以根据自身的状态以及当前纸带上的格子的状态，指示探头实施操作。

2.2 A和B分别为机器和人类，位于两个房间，C作为提问者，通过打印字条或者中介方式和两个房间进行通讯。游戏结束时C需要能够区分两个房间内哪个是人以及哪个是机器。

2.3 见第七章

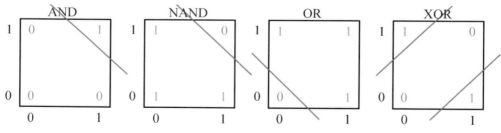

AND、NAND、OR都可以用一条线区分，只有XOR至少需要两条线。

XOR（异或）是基本的逻辑之一，按照图示，XOR是线性不可分的。

2.4 增加一层隐藏层，根据通用逼近理论，可以拟合任意非线性函数。

2.6 在传声筒游戏中，最后一个同学知道答案后是直接把答案和上一个同学的传话做比较，然后依次和之前的传话对比，精确来讲在队列中流动的是最终的答案。而反向传播中是把该曾应该如何改变的信息传到之前的层级。

3.1 例子恰当，分析合理即可。

3.2　开放性问题。可以考虑和符号主义或者知识表示结合，提高深度学习模型的可解释性。深度学习可解释性是一个非常活跃的领域，感兴趣的同学可以搜索相关资料，了解一些具体的方法。

3.3　相对于复杂的现实环境，游戏规则简单，易于控制，是一个理想的模拟环境。现有深度强化学习算法的采样效率低，而游戏可以提供无限的交互。强化学习还可以被用在机器人控制、新闻推荐、对话系统、金融等领域。

4.1　开放题，无标准答案。

4.2　开放题，无标准答案。

4.3　开放题，无标准答案。有关机器翻译以及机器对话的缺陷有很多，比如答非所问，长时间对话没有逻辑性等。

5.3　开放性问题，只要言之成理即可。

5.4　开放性问题，只要言之成理即可。

5.5　开放性问题，只要言之成理即可。

5.6　开放性问题，只要言之成理即可。

附录二　参考文献

1. BCcampus. Sensory Perception［EB/OL］. https://opentextbc.ca/anatomyandphysiology/chapter/14-1-sensory-perception/.

2. The Cell: A Molecular Approach. 2nd edition. https://www.ncbi.nlm.nih.gov/books/NBK9841/.

3. 苏珊娜·埃尔库拉诺·乌泽尔. 最强大脑：为什么人类比其他物种更聪明［M］. 北京：中国工信出版社，2016.

4. 谢伯让. 大脑简史［M］. 北京：化学工业出版社，2018.

5. Tom Jackson. 大脑的奥秘：人类如何感知世界［M］. 张远超 译. 北京：电子工业出版社，2017.

6. 戴维.J.林登. 进化的大脑：赋予我们爱情、记忆和美梦［M］. 沈颖 译. 上海：上海世纪出版集团，2009.

7. 克里斯蒂安·德迪夫. 生机勃勃的尘埃（地球生命的起源和进化）［M］. 王玉山 译. 上海：上海世纪出版集团，2014.

8. 理查德·穆迪等. 地球生命的历程［M］. 王烁等译. 北京：人民邮电出版社，2016.

9. 美国《科学新闻》. 生命与进化［M］. 陈方圆等译. 北京：电子工业出版社，2018.

10. 陈宜张，杨露春等. 脑的奥秘［M］. 北京：清华大学出版社，2002.

11. Howard Eichenbaum. 记忆的认知神经科学——导论［M］. 周仁来 等译. 北京：北京师范大学出版社，2008.

12. 郝守刚，马学平等. 生命的起源与演化［M］. 北京，高等教育出版社，2000.

13. 孙久荣. 脑科学导论［M］. 北京：北京大学出版社，2001.

14. John S. Oghalai, M.D. Hearing and Hair Cells［Z］. 1997.

15. Michael Rugnetta. Phantom limb syndrome［EB/OL］.［2018-12-24］https://www.britannica.com/science/phantom-limb-syndrome.

16. Phantom pain［EB/OL］.［2018-12-24］https://www.mayoclinic.org/diseases-conditions/phantom-pain/symptoms-causes/syc-20376272.

17. What Is Phantom Limb Pain?［EB/OL］.［2018-12-24］. https://www.webmd.com/pain-management/guide/phantom-limb-pain#1.

18. List of animals by number of neurons［EB/OL］. https://en.wikipedia.org/wiki/List_of_animals_by_number_of_neurons.

19. 曾富安.谈谈 DNA 的碱基配对［J］.生物学通报，1989（7）：8.

20. Generation of the Earth's magnetic field［EB/OL］.http://www.geomag.nrcan.gc.ca/mag_fld/fld–en.php.

21. Are cosmic rays harmful?［EB/OL］.http://www.ep.ph.bham.ac.uk/general/outreach/SparkChamber/text9h.html.

22. Karni, Moshe, et al. "Thermal degradation of DNA." DNA and cell biology 32.6（2013）：298–301.

23. Choi C Q. how did multicellular life evolve?［J］. Astro Biology, Feb 5, 2015.

24. Sleep Medicine at Harvard Medical School. The Science of Narcolepsy［EB/OL］.［2019.04.02］. http://healthysleep.med.harvard.edu/narcolepsy/what–is–narcolepsy/science–of–narcolepsy.

25. 布赖恩·考克斯，安德鲁·科恩.生命的奇迹［M］.闻菲译.人民邮电出版社，2014.

26. 李难，王正寰.进化生物学基础［M］.第4版.高等教育出版社，2018.

27. Carter R. The Human Brain Book: An Illustrated Guide to its Structure, Function, and Disorders［M］.DK, 2009.

28. 安尼尔·赛思.30秒探索：神秘的大脑［M］.姚乃琳译.中国科学技术出版社，2017.

29. Nilsson D E, Pelger S. A pessimistic estimate of the time required for an eye to evolve［J］. Proceedings of the Royal Society of London. Series B: Biological Sciences, 1994, 256（1345）：53–58.

30. Powers A S. Brain Evolution and Comparative Neuroanatomy［J］.ELS, 2001.

31. Kelly D J, Quinn P C, Slater A M, et al. The other–race effect develops during infancy: Evidence of perceptual narrowing［J］.Psychological Science, 2007, 18（12）：1084–1089.

32. Brang D, Ramachandran V S. Survival of the synesthesia gene: Why do people hear colors and taste words?［J］.PLoS biology, 2011, 9（11）：e1001205.

33. Watson M R, Chromý J, Crawford L, et al. The prevalence of synaesthesia depends on early language learning［J］.Consciousness and cognition, 2017, 48: 212–231.

34. The surprising world of synaesthesia［EB/OL］. https://thepsychologist.bps.org.uk/volume–28/february–2015/surprising–world–synaesthesia.

35. Dawkins, Richard. The blind watchmaker: Why the evidence of evolution reveals a universe without design. WW Norton & Company, 1996.

36. Williams, George C. Natural selection: domains, levels, and challenges. Oxford University Press, 1992: 73.

37. Bergman, Jerry. "Is the inverted human eye a poor design?". Journal of the American Scientific Affiliation 52.1（2000）: 18－30.

38. 中科院之声.杏仁核：大脑的"恐惧中心"［EB/OL］.https://zhuanlan.zhihu.com/p/24952507.

39. 蒋本珊.计算机组成原理［M］.清华大学出版社，2013.

40. Chang L, Tsao D Y. The code for facial identity in the primate brain［J］. Cell, 2017, 169（6）: 1013－1028. e14.

41. Karras T, Laine S, Aila T. A style－based generator architecture for generative adversarial networks［C］/Proceedings of the IEEE Conference on Computer Vision and Pattern Recognition. 2019: 4401－4410.

42. 尼克（2017）.人工智能简史［M］.人民邮电出版社.

43. Turing A M. On computable numbers, with an application to the Entscheidungsproblem［J］. Proceedings of the London mathematical society, 1937, 2（1）: 230－265.

44. Turing A. Intelligent machinery（1948）［J］. B. Jack Copeland, 2004: 395.

45. Turing A M. Computing machinery and intelligence［M］//Parsing the Turing Test. Springer, Dordrecht, 2009: 23－65.

46. McCulloch W S, Pitts W. A logical calculus of the ideas immanent in nervous activity［J］. The bulletin of mathematical biophysics, 1943, 5（4）: 115－133.

47. 人工智能（AI）发展简史 http://zhuanlan.zhihu.com/P/22283323.

48. Shannon C E. A mathematical theory of communication［J］. Bell system technical journal, 1948, 27（3）: 379－423.

49. 卢侃.从 Shannon 信息论到认知信息论［D］.2011.

50. ［美］冯·诺伊曼，［美］摩根斯坦，2018－3，博弈论与经济行为，北京大学出版社.

51. Nash J. Non－cooperative games［J］. Annals of mathematics, 1951: 286－295.

52. Nash J F. Equilibrium points in n－person games［J］. Proceedings of the national academy of

sciences, 1950, 36（1）: 48–49.

53. Shannon C E. Programming a computer for playing chess ［M］//Computer chess compendium. Springer, New York, NY, 1988: 2–13.

54. 王天一（2017）. 人工智慧革命：历史、当下与未来 ［M］，北京时代华文书局.

55. Minsky M, Papert S A. Perceptrons: An introduction to computational geometry ［M］. MIT press, 2017.

56. 马文·明斯基. 情感机器 ［M］. 浙江人民出版社，2016–1.

57. Ray Kurzwell. 奇点临近. 机械工业出版社，2011–10.

58. Claude E Shannon, Warren Weaver. The Mathematical Theory of Communication ［M］. University of Illinois Press.

59. Selfridge O G. Pandemonium: A paradigm for learning ［J］. the Mechanisation of Thought Processes, 1958.

60. 徐心和，么健石. 有关行为主义人工智能研究综述 ［D］. 2004.

61. Samuel A L. Some Studies in Machine Learning Using the Game of Checkers. II—Recent Progress ［M］//Computer Games I. Springer, New York, NY, 1988: 366–400.

62. https://en.wikipedia.org/wiki/ELIZA.

63. Shum H Y, He X, Li D. From Eliza to XiaoIce: challenges and opportunities with social chatbots ［J］. Frontiers of Information Technology & Electronic Engineering, 2018, 19（1）: 10–26.

64. Lindsay R K, Buchanan B G, Feigenbaum E A, et al. DENDRAL: a case study of the first expert system for scientific hypothesis formation ［J］. Artificial intelligence, 1993, 61（2）: 209–261.

65. Feigenbaum E A, Buchanan B G. DENDRAL and META–DENDRAL: Roots of knowledge systems and expert system applications ［J］. Artificial Intelligence. v59 i1–2, 1994: 233–240.

66. Computer–based medical consultations: MYCIN ［M］. Elsevier, 2012.

67. Miller R A, Pople Jr H E, Myers J D. Internist–I, an experimental computer–based diagnostic consultant for general internal medicine ［J］. New England Journal of Medicine, 1982, 307（8）: 468–476.

68. Duda R, Gaschnig J, Hart P. Model design in the PROSPECTOR consultant system for mineral exploration ［M］//Readings in Artificial Intelligence. Morgan Kaufmann, 1981: 334–348.

69. Smith R G, Baker J D. The dipmeter advisor system: a case study in commercial expert system development［C］//Proceedings of the Eighth international joint conference on Artificial intelligence–Volume 1. Morgan Kaufmann Publishers Inc., 1983: 122−129.

70. Hopfield J J. Neural networks and physical systems with emergent collective computational abilities［J］. Proceedings of the national academy of sciences, 1982, 79（8）: 2554−2558.

71. Kohonen T. The self−organizing map［J］. Proceedings of the IEEE, 1990, 78（9）: 1464−1480.

72. Barto A G, Sutton R S, Anderson C W. Neuronlike adaptive elements that can solve difficult learning control problems［J］. IEEE transactions on systems, man, and cybernetics, 1983（5）: 834−846.

73. Michael Negnevitsky. and Chen, W.（2012）. 人工智能：智能系统指南［M］. 3rd ed. 北京：机械工业出版社.

74. 历史上的AI之冬，以及留给今天的启示 .https://36kr.com/p/5091673.

75. Cai, H., Cai, T., Zhang, W. and Wang, K.（2017）. 机器崛起前传——自我意识与人类智慧的开端.

76. 埃尔温·薛定谔 著，吉宗祥 译.生命是什么［M］.世界图书出版广东有限公司：广州，2016.

77. LeCun Y, Jackel L D, Bottou L, et al. Comparison of learning algorithms for handwritten digit recognition［C］//International conference on artificial neural networks. 1995, 60: 53−60.

78. Taigman Y, Yang M, Ranzato M A, et al. Deepface: Closing the gap to human−level performance in face verification［C］//Proceedings of the IEEE conference on computer vision and pattern recognition. 2014: 1701−1708.

79. 图灵奖颁给熬过寒冬的人 .https://tech.sina.com.cn/d/i/2019−03−28/doc−ihsxncvh6151773.shtml.

80. Fabio Ciucci. Deep Learning is not the AI future［OB/AL］（2017−11−23）. https://www.kdnuggets.com/2017/08/deep−learning−not−ai−future.html.

81. G. Marcus., "Is" Deep Learning "a Revolution in Artificial Intelligence?" The New Yorker, 2012.

82. Kirkpatrick, James et al. "Overcoming catastrophic forgetting in neural networks." Proceedings of the National Academy of Sciences of the United States of America. 114 13（2017）: 3521−3526.

83. Munkhdalai T, Yu H. Meta networks［C］//Proceedings of the 34th International Conference on Machine Learning-Volume 70. JMLR. org, 2017: 2554-2563.

84. Mnih, Volodymyr. et al. "Playing Atari with Deep Reinforcement Learning." CoRRabs/1312.5602（2013）: n. pag.

85. Hasperué W. The master algorithm: how the quest for the ultimate learning machine will remake our world［J］. Journal of Computer Science and Technology, 2015, 15（02）: 157-158.

86. Eric Baum. What is Thought?［M］, 2004.

87. Jeff Hawkins. On Intelligence［M］. 2004.

88. Marcus Hutter. Universal Artificial Intelligence［M］. 2005.

89. Pei Wang. Rigid Flexibility：The Logic of Intelligence［M］. Springer，2006.

90. Ben Goertzel & Cassio Pennachin，Artificial General Intelligence［M］. Springer，2007.

91. 凯文.凯莉 著，东西文库 译.失控 全人类的最终命运和结局［M］.新星出版社：北京，2010.

92 麦克斯·特格马克 著，汪婕舒 译.生命3.0［M］.浙江教育出版社：杭州，2018.

93. 科特勒 著，宋丽钰 译.未来世界：改变人类社会的新技术［M］.机械工业出版社：北京，2016.

94. 未来简史.尤瓦尔.赫拉利 著，林俊宏 译［M］.中信出版社：北京，2017.

95. 伯罗斯 著，晏奎，夏思洁 译.下一个大事件：影响未来世界的八大趋势［M］.中信出版社：北京，2015.

96. 查理德·沃特森 著，赵静 译.智能社会：未来人们如何生活、相爱和思考［M］.中信出版社：北京，2017.

97. 威廉·庞德斯通 著，闾佳 译.剪刀石头布：如何成为超级预测者［M］.浙江人民出版社：杭州，2016.

98. 布雷特·金 著，刘林德，冯斌 译.智能浪潮：增强时代来临［M］.中信出版社：北京，2017.

99. Wang X, Ho C, Tsatskis Y, et al. Intracellular manipulation and measurement with multipole magnetic tweezers［J］. Science Robotics, 2019, 4（28）: eaav6180.

100. 机器之心.主宰浩瀚宇宙的，或许是超级人工智能［EB/OL］. https://www.huxiu.com/article/104949.html.